总主编简介

　　吴德星，男，山东省无棣县人。毕业于山东海洋学院，青岛海洋大学物理海洋学博士，现任中国海洋大学校长、教授。

　　吴德星教授现为国家重点基础研究发展规划（973计划）项目首席科学家，第十一届全国人大代表；兼任教育部高等学校地球科学教育指导委员会副主任委员，国家自然科学基金委员会地球科学部第三、四届专家咨询委员会委员，中国海洋学会副理事长、中国海洋湖沼学会副理事长等多项社会职务。

　　吴德星教授长期从事物理海洋学研究，曾获省部级多项奖励。2004年起享受国务院政府特殊津贴，2008年由韩国总统李明博授予"大韩民国宝冠文化勋章"。

Amazing
Marine Life

海洋生物

魏建功◎主编

文稿编撰/邵蕙 魏玲 徐恺

图片统筹/陈龙

中国海洋大学出版社

·青岛·

畅游海洋科普丛书

总主编　吴德星

顾　问

文圣常	中国科学院院士、著名物理海洋学家
管华诗	中国工程院院士、著名海洋药物学家
冯士筰	中国科学院院士、著名环境海洋学家
王曙光	国家海洋局原局长、中国海洋发展研究中心主任

编委会

主　任	吴德星	中国海洋大学校长
副主任	李华军	中国海洋大学副校长
	杨立敏	中国海洋大学出版社社长

委　员（以姓氏笔画为序）

丁剑玲　干焱平　王松岐　史宏达　朱　柏　任其海
齐继光　纪丽真　李夕聪　李凤岐　李旭奎　李学伦
李建筑　赵进平　姜国良　徐永成　韩玉堂　魏建功

总策划　李华军

执行策划

杨立敏　李建筑　李夕聪　朱　柏　冯广明

普及海洋知识
迎接蓝色世纪

文圣常

二〇二二年三月

中国科学院资深院士、著名物理海洋学家文圣常先生题词

畅游蔚蓝海洋　共创美好未来

——出版者的话

　　海洋，生命的摇篮，人类生存与发展的希望；她，孕育着经济的繁荣，见证着社会的发展，承载着人类的文明。步入21世纪，"开发海洋、利用海洋、保护海洋"成为响遍全球的号角和声势浩大的行动，中国———一个有着悠久海洋开发和利用历史的濒海大国，正在致力于走进世界海洋强国之列。在"十二五"规划开局之年，在唱响蓝色经济的今天，为了引导读者，特别是广大青少年更好地认识和了解海洋、增强利用和保护海洋的意识，鼓励更多的海洋爱好者投身于海洋开发和科教事业，以海洋类图书为出版特色的中国海洋大学出版社，依托中国海洋大学的学科和人才优势，倾力打造并推出这套"畅游海洋科普丛书"。

　　中国海洋大学是我国"211工程"和"985工程"重点建设高校之一，不仅肩负着为祖国培养海洋科教人才的使命，也担负着海洋科学普及教育的重任。为了打造好"畅游海洋科普丛书"，知名海洋学家、中国海洋大学校长吴德星教授担任丛书总主编；著名海洋学家文圣常院士、管华诗院士、冯士筰院士和著名海洋管理专家王曙光教授欣然担任丛书顾问；丛书各册的主编均为相关学科的专家、学者。他们以强烈的社会责任感、严谨的科学精神、朴实又不失优美的文笔编撰了丛书。

　　作为海洋知识的科普读物，本套丛书具有如下两个极其鲜明的特点。

丰富宏阔的内容

丛书共10个分册，以海洋学科最新研究成果及翔实的资料为基础，从不同视角、多侧面、多层次、全方位介绍了海洋各领域的基础知识，向读者朋友们呈现了一幅宏阔的海洋画卷。《初识海洋》引你进入海洋，形成关于海洋的初步印象；《海洋生物》《探秘海底》让你尽情领略海洋资源的丰饶；《壮美极地》向你展示极地的雄姿；《海战风云》《航海探险》《船舶胜览》为你历数古今著名海上战事、航海探险人物、船舶与人类发展的关系；《奇异海岛》《魅力港城》向你尽显海岛的奇异与港城的魅力；《海洋科教》则向你呈现人类认识海洋、探索海洋历程中作出重大贡献的人物、机构及世界重大科考成果。

新颖独特的编创

本丛书以简约的文字配以大量精美的图片，图文相辅相成，使读者朋友在阅读文字的同时有一种视觉享受，如身临其境，在"畅游"的愉悦中了解海洋……

海之魅力，在于有容；蓝色经济、蓝色情怀、蓝色的梦！这套丛书承载了海洋学家和海洋工作者们对海洋的认知和诠释、对读者朋友的期望和祝愿。

我们深知，好书是用心做出来的。当我们把这套凝聚着策划者之心、组织者之心、编撰者之心、设计者之心、编辑者之心等多颗虔诚之心的"畅游海洋科普丛书"呈献给读者朋友们的时候，我们有些许忐忑，但更有几许期待。我们希望这套丛书能给那些向往大海、热爱大海的人们以惊喜和收获，希望能对我国的海洋科普事业作出一点贡献。

愿读者朋友们喜爱"畅游海洋科普丛书"，在海洋领域里大有作为！

海洋
生
物

004

生命，多姿多彩，变化万千，给我们的地球带来无限生机，让它在宇宙转动独特的旋律。

当你凝望海鸥在空中翱翔时，当你观看海豚在水中嬉闹时，当你发现鱼儿从海面腾空而起时，当你欣赏企鹅憨态可掬地在雪地上行走时，我们怎能不为这单纯而蓬勃的生命气息而感动？

广袤海洋约占地球表面积的3/4，那里的生物可谓洋洋大观——带形，圆形，纺锤形，形状千奇百怪；红色，蓝色，绿色，色彩斑驳陆离；大的足有30米长，小的在显微镜下才能看到，大小天悬地隔；有的会爬树，有的能发光，有的会飞翔，功能大相径庭……

根据全球海洋生物普查项目的最新报告，海洋生物物种总计可达100万种，而人类目前了解的只是其中的1/5。海洋生物这一庞大的群体，还会给我们带来什么样的惊奇？在这次最新的普查中科学家们又发现了6 000多个新物种，包括年近600岁的管虫、巨型细菌、超大海星、透明海参、透明海蜗牛、透明虾、菊花

前言 PREFACE

海葵等一系列玄妙无穷的生物。这次的发现大大扩展了人们对海洋生物的认识，从而揭开了海洋生物神秘面纱新的一角。

海洋神秘莫测，海洋生物生生不息。愿你翻开这本《海洋生物》，领略大自然的神奇造化。

目 录 CONTENTS

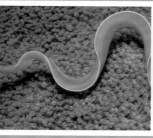

海
洋
生
物

008

目
录

CONTENTS

海洋哺乳动物

Marine Mammals

　　落日余晖暖暖的，微风吹拂海面，波光闪闪。成群的虎鲸露出背鳍，在海上划水而行，鲸鱼和海豚的"歌声"此起彼伏，惊醒了在海面休息的海獭，"美人鱼"也纷纷跳入水中……这些童话中的主角就是神奇的海洋哺乳动物。

座头鲸

  海洋哺乳动物是哺乳动物中适于海栖环境的特殊类群，是海洋中胎生哺乳、肺呼吸、体温恒定、前肢特化为鳍的脊椎动物，通常被人们称作海兽。海洋哺乳动物主要包括鲸目、海牛目、鳍脚目，另外，海獭也属于海洋哺乳动物。

  鲸目包括鲸和海豚，是所有哺乳动物中最适应水栖生活的一个分支，它们外形和鱼相似，已经完全不能在陆地上生活。

  海牛目是适应海洋生活的植食性动物，它前肢呈鳍状，后肢进化为尾鳍，不能上岸。

  鳍脚目是水栖性的食肉动物，牙齿和陆栖的食肉动物相似，但是四肢呈鳍状，身体呈纺锤形，非常适于游泳。鳍脚目现存有三个科，即海狮科、海豹科和海象科。

  海獭几乎一生都在海上度过，很少登上陆地。海獭经常躺在海面上漂泊，是唯一经常仰泳的海洋哺乳动物。

海洋里的独角兽——一角鲸

动物名片

姓名： 一角鲸（Narwhal）也叫独角鲸、冰鲸

分类： 哺乳纲 鲸目 一角鲸科

分布： 寒冷的北极海域

特点： 头部有长长的尖牙

主食： 小型鱼类、软体动物

一角鲸是鲸类中很特别的一个类群，它们生活在北极人迹罕至的冰冷海洋中，是世界上最为神秘的物种之一，亦被称为海洋中的独角兽。

一角鲸一般体长4～5米，1吨多重，背黑腹白。雄性一角鲸的左牙会长成一颗长达3米的螺旋状长牙。它们繁殖率较低，一般3年产1头小鲸。一角鲸是一种齿鲸，觅食的时候鲸群会有组织地把鱼群驱赶在一起，然后捕食。

强大的武器

一角鲸的牙齿是如何长出来的？经研究发现，在一角鲸刚出生时一共有16颗牙齿，但都不发达。出生后多数牙齿相继退化、消失，仅剩上颌两枚牙齿保留下来。雌鲸牙齿一般不会再生长，而雄性左牙则会破唇而出继续生长，最后能生长到体长的一半。雄性一角鲸会依靠长牙相互较量，就像两个人拿木棒相互击打一样。但它们在嬉戏时很有分寸，一般不会刺伤对方。

↑ 雄性一角鲸

长久以来，人们一直误认为一角鲸的长牙是进攻的武器。事实上，一角鲸的长牙是它的感觉器官。在长牙表面密集地分布着非常多的神经末梢，这些神经末梢直接与海水接触，可以灵敏地感受到海水盐度的变化。冰层下面的海水盐度大，而冰层融化会使海水盐度降低。一角鲸就是通过感觉海水盐度变化来找到冰层上的呼吸孔的，否则，它们会因窒息而死亡。

动物与人类

　　在古代，人们对一角鲸的长牙就情有独钟。古代欧洲的王公贵族用它来做名贵的装饰物；有人认为它是包治百病的灵丹妙药；古代的因纽特人把它绑在木棍上，做成长矛或者鱼叉，用来捕猎。人们对一角鲸长牙需求强烈，对其大量捕杀，导致一角鲸数目锐减。目前很多国家已经禁止捕杀一角鲸，希望能还给它们一个自由自在的生活环境，让海洋中神秘的"独角兽"能够生存下去。

↑ 雌性一角鲸

嬉戏的一角鲸

海中巨无霸——蓝鲸

动物名片

姓名：蓝鲸（Blue Whale）

分类：哺乳纲 鲸目 鳁鲸科

分布：温带和寒带冷水域，以南极海域最多，少数曾出现在
中国黄海、台湾周边海域

特点：体型巨大

主食：浮游生物、磷虾等

　　舌头上能站50个人！心脏和小汽车一样大！动脉可以让婴儿爬过！刚生下的幼崽比一头成年象还要重！这种动物就是蓝鲸。据记载，最大的蓝鲸有33米长，重190吨！

　　蓝鲸也被称为"剃刀鲸"，因其身体看起来像一把剃刀而得名。蓝鲸体表呈淡蓝色或灰色，背部有淡色的细碎斑纹，胸部有白色的斑点；头顶部有两个喷气孔。上颌部生有白色胼胝，因其在每个蓝鲸个体上都不相同，可以用来区分不同的个体。蓝鲸背鳍特别短小，尾鳍宽阔而平扁。

　　蓝鲸属于世界性分布，以南极海域较多。现分为3个亚种：南蓝鲸、北蓝鲸、小蓝鲸。

奇特的捕食方式

　　蓝鲸进食的时候会张开大嘴，将海水和食物一齐吞下，然后闭上嘴巴，海水便从须板的须缝里排出，滤下小鱼、小虾。蓝鲸的胃口极大，每天都要吃下成吨的食物。

蓝鲸发声之谜

　　蓝鲸是世界上能发出最大声音的动物。它的声音在源头处可以达到155～188分贝。蓝鲸在与伙伴联络时使用的是一种低频率、震耳欲聋的声音，这种声音有时能超过180分贝，比站在跑道上听到的喷气式飞机起飞时发出的声音还要大。

动物与人类

蓝鲸是一种重要的经济物种，脂肪含量很高。由于遭到大量捕杀，蓝鲸曾一度陷入几近灭绝的境地。1966年国际捕鲸委员会宣布蓝鲸为禁捕对象。虽然现在状况有所好转，但众多的问题如化学污染、噪音污染等仍威胁着蓝鲸的生存。目前已被列入《濒危野生动植物物种国际贸易公约》濒危物种。

如何判断蓝鲸的年龄

蓝鲸的耳膜内每年都会积存很多蜡，并且是逐年积累，所以根据蜡的厚度层数，就可以大体判断它的年龄。

Link

《濒危野生动植物物种国际贸易公约》

1927年在斯德哥尔摩，联合国人类环境学会议制定了该公约。其宗旨在于通过建立国际协调一致的野生动植物物种进出口许可证或证明书制度，防止过度开发利用，以保护濒危野生动植物物种资源。

海上歌唱家——座头鲸

动物名片

姓名：座头鲸（Humpback Whale）

分类：哺乳纲 鲸目 须鲸科

分布：太平洋一带，偶见中国黄海、东海、南海海域

特点：声音复杂多变

主食：小型甲壳类和群游性小型鱼类

在鲸类王国中，座头鲸是一种地地道道的奇鲸。它外貌奇异、智力出众、听觉敏锐，更因为能发出多种声音而被称为海上"歌唱家"。

座头鲸体型肥大，背部呈黑色，有黑色斑纹，向上弓起而不平直，因此又名"弓背鲸"或"驼背鲸"；座头鲸背鳍短小，胸部鳍状肢窄薄而狭长，尾鳍宽大，呼吸时喷起粗矮的雾柱。

家族式生活方式

座头鲸性情温顺，同伴间眷恋性很强。它们每年都要进行有规律的南北洄游，即夏季到冷水海域索饵，冬季到温暖海域繁殖，而且两个地方距离可达8 000千米之远，所以座头鲸被称为"远航冠军"。座头鲸为"一夫一妻"制，雌兽每两年生育一次。

奇特的进食方式

座头鲸的进食方式除冲刺式、轰赶式外，还有一种方法很奇特，即从海水深度大约15米处作螺旋形姿势向上游动，并吐出许多大小不等的气泡，形成一种圆柱形或管形的气泡"网"，把猎物逼向中心，然后座头鲸便在气泡圈内几乎直立地张开大嘴，吞下"网"内的猎物。这种捕食方式与蜘蛛编织蛛网捕食的方式极为相似。

> **洄游**
>
> 洄游是指一些水生动物为了繁殖、索饵或越冬的需要定期定向地从一个水域到另一个水域集群迁徙的现象。

座头鲸之歌

20世纪70年代，美国著名鲸类学家罗杰斯·佩恩夫妇通过听水器记录了座头鲸的叫声，经过电脑分析发现，座头鲸的叫声包含着"悲叹""呻吟""颤抖""长吼""打鼾"等18种不同频率的音调，节奏分明，抑扬顿挫，交替反复，恰似旋律优美的交响乐，持续时间可长达6～30分钟。1977年春天，美国将座头鲸的歌声同古典音乐、现代音乐以及联合国60个成员国的55种不同语言录进同一张唱片里，可见它们的歌声价值之高！1981年，美国《新科学家》报道，座头鲸的歌声是动物世界里最复杂的"乐曲"。

潜水冠军——抹香鲸

动物名片

姓名：抹香鲸（Sperm Whale）

职位：哺乳纲 鲸目 抹香鲸科

分布：全球各大洋

爱好：潜水、与大王乌贼搏斗

主食：鱼类和乌贼

抹香鲸是世界上最大的有齿鲸类，被誉为动物王国中的"潜水冠军"。

抹香鲸长相奇特，头重尾轻，巨大的头部占体长的1/4～1/3，具有动物界中最大的脑；头顶部左前方有两个鼻孔，但只有左侧的鼻孔能呼吸，右侧的鼻孔天生阻塞，因此水雾柱总以约45°角向左前方喷出；上、下颌极不对称，上颌呈方桶形，无齿，下颌较细而薄，前窄后宽，生有数颗圆锥体牙齿；身体背面为暗黑色，腹部为银灰或白色，中后段的皮肤表面通常有许多水平方向的褶皱。整个抹香鲸看上去像一只巨大的蝌蚪。

龙涎香

抹香鲸有很高的经济价值，其中龙涎香是其身上最大的宝物。

龙涎香是一种外观呈暗褐色、内部则为浅黄至灰色的蜡状物质，一般形成于抹香鲸的肠道中。新鲜的龙涎香常有刺激性的臭味，存放一段时间后逐渐产生类似麝香的香气，是珍贵香料的原料，常用于香水固定剂，同时也是名贵的中药。

抹香鲸在全球各大海洋中均有分布；在中国，常见于黄海、东海、南海和台湾周边海域。抹香鲸一般游速为2.5～3海里/小时，受惊时可达7～12海里/小时。

↑龙涎香

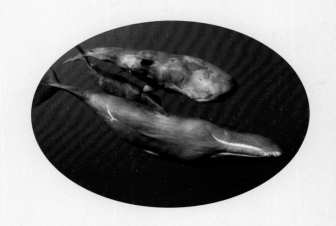

冤家路窄

　　抹香鲸喜欢捕食大王乌贼，它经常潜入深海，与大王乌贼进行一场刀光剑影的战斗。大王乌贼体型巨大，体长一般为20米左右，性情极为凶猛。抹香鲸想要吞食如此巨物，并非易事。二者的搏斗，抹香鲸获胜的几率较大，但也有过大王乌贼用触手堵住抹香鲸的鼻孔，使其窒息而死的情况。

抹香鲸与人共舞

海洋精灵——海豚

动物名片

姓名：宽吻海豚（Dolphin）

分类：哺乳纲 鲸目 海豚科

分布：全球各大洋

特点：聪明伶俐，活泼友好

主食：小鱼、小虾、乌贼

蔚蓝无边的大海上，海豚们飞快地游动着，相互追逐嬉戏，不经意间就会发现它们高高跃出海面，在空中旋转后落水，划出一道道优美的弧线。

海豚身体呈流线型，长度一般为2米左右，背鳍呈镰刀状；海豚生活在温暖的近海水域，喜欢群居，少则10余头，最多可达数百头。海豚的种类很多，有将近62种。我们最常见的海豚是宽吻海豚，也就是海洋馆中常用于表演的海豚。

↑ 海豚一家

聪明的海豚

人们发现，海豚的脑部非常发达，经过训练的海豚，甚至能达到模仿人类话音的程度。太平洋海洋基金会的欧文斯博士等4位科学家，花了3年的时间对两头海豚进行训练，教会了它们700个英文词汇。

海豚领航

1871年，大雾笼罩了新西兰海岸，一艘船航行在暗礁林立的海域，十分危险。一只海豚突然出现，带领海船穿过浓雾弥漫的暗礁，到达了安全海域。从此以后，每艘经过这里的海船，都会遇到这条领航的海

豚。这条海豚为船只领航13年，然后便消失了。后来人们找到了它的尸体，为它举行了隆重的葬礼，并建造了青铜纪念碑，表彰它对人类的贡献。

沉默的"士兵"

在美国的海军中有一群特殊的士兵——海豚士兵。它们与军人一样在军中服役，服役期一般为25年。这些海豚通过训练，可以承担扫雷、寻找失物、保护潜水设施等任务。海豚、小型无人潜航器和潜水员通力合作，能够大大提高战术的灵活性、有效性和作战效率。

 Link

海豚也有名字

美国圣安德鲁斯大学的科学家指出，群居状态的海豚都拥有自己独特的名字。更奇特的是，同一族群的海豚之间能够分辨出对方"姓甚名谁"。

研究人员将同一族群的海豚分为了两组，提取其中一组发出的声音向另外一组播放，发现它们居然能对"亲属"呼叫自己的声音作出积极准确的反应。

这一发现令研究人员证实海豚也有名字。

潜水能手——海狮

动物名片

姓名：北海狮（Sea Lion）

分类：哺乳纲　鳍脚目　海狮科

特点：喜欢潜水

分布：北太平洋的寒温带海域，中国的黄海和渤海海域

主食：底栖鱼类和头足类

海狮颈部生有鬃状的长毛，叫声很像狮子吼，所以叫做海狮。海狮有南美海狮、北海狮等14种，其中北海狮是海狮中体型最大的，素有"海狮王"的美称。海狮多喜群居活动，常常由一只雄海狮带领一群"嫔妃海狮"共同生活，雄海狮犹如国王一般！

不可替代的潜水员

自古以来，所有的物品一旦沉入海底就意味着有去无回，可是有一些宝贵的试验材料必须找回来，如从太空返回地球时落入海里的人造卫星等。但当水深超过一定程度潜水员就无能为力了，幸运的是，神奇的海狮有着高超的潜水本领，它们可以帮助人们来完成一些潜水任务。

海狮可以潜入180米深的海水中，帮助人类打捞东西是它们的拿手好戏，同时它还可以进行水下军事侦察和海底救生等。据传，美国特种部队中有一头训练有素的海狮，能在1分钟内将沉入海底的火箭碎片取上来。

为"爱"而战

　　到了繁殖季节，雄海狮会选择固定地点进行争夺配偶的激烈斗争。最后，胜者占有许多雌海狮。如果某雄海狮在争夺配偶和繁殖地的战斗中被年富力强的年轻雄海狮打败，雌海狮会集体倾情于新首领。

雌、雄海狮如何分辨

　　海狮的雄兽和雌兽的体形差异很大，雄兽的体长为310～350厘米，体重一般1 000千克以上；雌兽体长为250～270厘米，体重大约为300千克。雄兽在成长过程中，颈部逐渐生出鬃状的长毛，身体主要为黄褐色，胸部至腹部的颜色较深，具很小的阴囊；雌兽的体色比雄兽略淡，没有鬃毛，面部短宽，吻部钝，眼和外耳壳较小。

↑亲密接触

可爱的海兽——海豹

动物名片

姓名：海豹（Seal）

分类：哺乳纲 鳍脚目 海豹科

分布：遍布全球各海域，南极沿岸数量最多

主食：鱼类、头足类、甲壳类动物

　　海豹是一种小型鳍足类食肉海兽，头部钝圆，形似家犬，但没有外耳廓，在头部两侧仅剩下耳道，潜水时耳道外面的肌肉可自由关闭，防止海水进入耳朵；眼睛又大又圆，炯炯有神；体长1～2米，体重20～150千克；背部蓝灰色，腹部淡黄色，部分种类的海豹身体上还有蓝黑色的斑点；身体呈流线型，四肢进化成为鳍脚。海豹在陆地上移动非常笨拙，前肢支撑起身体，后肢就像累赘一样拖曳在后面，身体弯曲

↑幸福的海豹一家

↑小海豹

爬行，非常有趣。海豹的食性比较广泛，鱼类、头足类软体动物和甲壳类都是它们钟爱的食物，为维持体温和提供运动能量消耗，海豹每天要吃掉相当于自己体重1/10的食物。

动物与人类

海豹的经济价值极高，肉质味道鲜美，具有丰富的营养；皮质柔韧，可以用来制作衣服、鞋、帽等抵御严寒；脂肪可用来提炼工业用油和营养品；肠是制作琴弦的上等材料；肝富有维生素，是价值极高的滋补品；牙齿可制作精美的工艺品。

海豹还是一种非常聪明的动物，经过一段时间的训练后，它们能做很多类型的表演，它们可是海洋乐园的动物明星。

正是由于海豹具有这么多经济价值，每年都会遭到猎杀。为保护海豹，国际拯救海豹基金会1983年把每年的3月1日定为国际海豹日。在这一天，全球各地动物保护人士奔走相告，劝说人们不要捕杀海豹。

丑陋的美人鱼——海牛

动物名片

姓名： 海牛（Sea Cow）

分类： 哺乳纲　海牛目　海牛科

分布： 南美河流中上游、北美加勒比海沿岸、西非海岸、浅湾

主食： 水草

　　还记得小美人鱼的故事吗？美丽善良的小美人鱼因为等不到心爱的王子而化成虚幻的泡沫，消失在闪着璀璨涟漪的海面上……

　　实际上它的原型存在于我们这个神奇的世界中，那就是海牛。

　　海牛是一种海洋哺乳动物，它们就是塑造美人鱼的原型，不过与童话中的美人鱼相比，它们的"面相"实在是令人不敢恭维：厚厚的上嘴唇上翘，小小的眼睛，坍塌的鼻梁，大大的鼻孔；脖子很短，没有外耳廓，口的四周长着胡须；臃肿的身体呈钢灰色，尾扁平而宽大，可以说是个十足的丑八怪。

　　现在世界上有3种海牛，即南美海牛（巴西海牛）、北美海牛（加勒比海牛、西印度海牛）、西非海牛。其中，南美海牛生活在河流中，是淡水海牛。

海牛平时主要以吃海藻为生，用肺呼吸，能在水中潜游十几分钟来寻找食物。海牛每年繁殖一次，每次只生育一只。在哺乳时，雌海牛用一对鳍将幼海牛抱在胸前且上身浮在海面，半躺着喂奶，再加上有时会有藻类粘在头部，从远处看，很像一条"美人鱼"。

儒艮

海牛目还有一种动物名为儒艮，不管是外貌还是习性，都与海牛极为相似。因此，在美人鱼原型的问题上，存在一些争议。儒艮的尾巴为叉形，从这一点来看，仿佛更符合美人鱼的形象，这也是它区别于海牛的重要特征。

动物与人类

海牛是海洋中唯一的植食哺乳动物，食量很大，每天能吃相当体重5%～10%的水草。它吃起水草来像卷地毯一般，一片一片地吃过去，有"水中除草机"之称。在水草成灾的热带和亚热带某些地区，只要有海牛，这一难题便能迎刃而解。南美圭亚那曾利用两头海牛清除了首都乔治敦市附近一条水道中的水草，使居民获得了足够的生活用水。海牛真是大胃口的"美人鱼"啊！

Link

2010年上海世界博览会，丹麦国宝"小美人鱼"百年来首次离开家乡，旅居世博园半年之久。"小美人鱼"雕像被视为丹麦的象征，是丹麦雕塑家艾里克森根据童话大师安徒生的作品《海的女儿》中美人鱼的形象用青铜浇铸而成。

↑丹麦"小美人鱼"

爱打瞌睡的庞然大物——海象

动物名片

姓名： 海象（Walrus）

分类： 哺乳纲 鳍脚目 海象科

分布： 北冰洋、太平洋和大西洋

特点： 嗜睡

主食： 带壳类动物

↑挤成一堆睡觉的海象群

海象——顾名思义，就是"海洋中的大象"。它们和陆地上的大象一样，都是体型庞大的动物，皮厚且有很深的皱纹。它们"身高"一般3～4米，重1 300千克左右。与陆地上的大象不同的是，它们的四肢已经退化为鳍。海象主要生活在北极海域，由于体型笨重，在北极光滑的冰面上需要鳍和獠牙共同作用才能前进，很是费劲。而它们在海里游泳的本领却令人刮目相看！当海象深潜到海底寻觅食物时，巨大的獠牙不断地翻掘泥沙，敏感的嘴唇和触须随之探测、辨别，碰到它们喜欢的食物如乌蛤、油螺等，就用牙齿将它们的壳咬碎，把肉抽出来大吃一顿。

爱打瞌睡的庞然大物

海象爱打瞌睡那可是出了名的！海象和陆地上的大象一样，都是社会性的动物，喜欢群居。它们经常成群结队地在海滩上晒太阳，会竭尽所能地占据所有的空地。有时，为了抢占一个好的地盘，海象之间会产生争斗。它们用长牙和强有力的脖子互相攻击，战胜者将战败者赶走并占领夺来的地盘。空隙非常小时，它们便会三两个堆起来睡，却依然睡得不亦乐乎！

水中的"变色龙"

　　海象皮肤的颜色在陆地上与海水中并不一样——在陆上，血管受热膨胀，皮肤呈棕红色；在水中，血管冷缩，将血从皮下脂肪层挤出，以增强对海水的隔热能力，因而皮肤呈白色。再加上皮下约10厘米厚的脂肪，海象就可以悠然自得、不惧寒冷地在深海潜水了。

聪明胜过类人猿——海獭

动物名片

姓名： 海獭（Sea Otter）

分类： 哺乳动物纲 食肉目 鼬科

分布： 北太平洋的寒冷海域

特点： 会用工具

主食： 带壳动物，主要是海胆

　　海獭是食肉目中唯一的海栖动物，是鼬鼠家族里的明星成员。它头脚较小，身高不到1.5米，却有一条超过体长1/4的尾巴，体重40多千克，属于海洋哺乳动物中最小的种类。虽然海獭身上的脂肪层厚度远不如鲸类，仅占体重的1.8%，但海獭有着厚实无比的皮毛，即使在深水里也滴水不透！

　　海獭一生大部分时间都在水里，在水中进食、交配和哺育后代，偶尔上岸的目的只是休息和睡觉。在水中的时候，它们的鼻孔和耳朵会闭合，以免海水进入。

会用工具

　　海獭的智商非常高，它们的聪明和智慧甚至胜过类人猿！海獭非常喜欢吃海胆，但是海胆的外壳非常坚硬，靠牙齿是不行的。于是，聪明的海獭会先把海胆夹在前肢下面的皮囊中，然后快速地去海底拣来一块拳头大小的石头。接下来，它会四肢朝上仰躺在海面，把石块和海胆都举在胸前，然后用石块猛敲海胆直到敲出裂缝，最后雷厉风行地吸

↑海獭吃螃蟹

↑ 在水面休息的海獭

光美味的肉质。除了海胆外，贻贝、螃蟹、鱿鱼、章鱼以及鱼类也是它们的口中餐。而这块石头，它们会保存下来反复使用。在"会用工具"这一点上，如果类人猿还存在，一定会自愧不如！

爱梳妆的海獭

别看海獭长相邋遢，它们可是名副其实地爱"臭美"。它们每次吃完东西都会用爪子和牙齿反复清理身上宝贵的皮毛。其实，它们这样做并非只是为了干净，也是为了皮毛持续保暖，以抵抗海底的寒冷。

海洋王者——虎鲸

动物名片

姓名：虎鲸（Killer Whale）

分类：哺乳纲 鲸目 巨头鲸科

分布：全球高纬度冰冷海水中

特点：水族馆中表演明星

主食：鱼类和海生哺乳类

虎鲸也叫做逆戟鲸，雄性虎鲸的背鳍像旗子一样直立在背上，特别明显。它们喜欢在水面下快速游动，背鳍伸出水面，就像古代一种武器——戟一样倒立在水面上，故称为逆戟鲸。它们在海洋中几乎没有天敌。大多虎鲸都能寿终正寝直到百岁。

虎鲸有着胖胖的身体、圆圆的脑袋，黑色的身体上有几块儿明显的白色皮肤，憨厚的样子就像大熊猫。但是，千万不要被它们的外表所迷惑，这种庞然大物可是海中的杀手，小到鱼类、乌贼、海龟、企鹅，大到海狮、海豹甚至大型须鲸和抹香鲸都是它们可口的食物。虎鲸个头很大，成年虎鲸有8～10米长，体重达到9吨。虎鲸是一种群居的动物，这种集群的生活方式既能对来犯之敌致命一击，又能提高捕猎效率。

勇于挑战的战士

个头最大的抹香鲸碰到最凶猛的虎鲸会怎样？据统计，在南极海域大多数抹香鲸的尸体上都有虎鲸的牙印，而在捕获的虎鲸胃里面也能发现抹香鲸的残骸。当虎鲸群碰到落单的或者小群抹香鲸，便会群起而攻之，向主要目标发动最猛烈的攻击，一步一步地把目标逼出抹香鲸群，当离群的抹香鲸失去和鲸群的相互支援后，虎鲸便肆无忌惮地冲向抹香鲸。可以说，虎鲸是抹香鲸的天敌。

　　狡猾的虎鲸还会利用计谋捕猎。虎鲸有时会肚皮向上浮在水面上一动不动，像死了一样，不知情的海鸟、鱼类或者其他动物接近它后，虎鲸便会突然翻过身来一口咬向猎物，得意洋洋地将其吃掉。

既是杀手也是明星

　　虎鲸的外表憨态可掬，智力出众，经训练可进行表演，海洋乐园内由虎鲸表演的节目会博得最多的掌声。虎鲸在水下加速，突然冲出水面5米多高，溅起巨大的浪花，引起观众阵阵欢呼。军事上，人们经常利用经过训练的虎鲸进行一些侦察、导航和排雷等工作。

↑ 夕阳群山，成群的虎鲸在海面悠闲游动

海洋鱼类

Marine Fishes

你认识海里的几种鱼？会发光的、会放电的、会治病的、会飞的，它们各种各样的本领让人目不暇接，穿梭不停的身影给海洋带来一派热闹景象，它们就是海里的主要居民——海洋鱼类。

大白鲨

鱼类是海洋中最常见的生物类群，它们就像天空的鸟儿一样自由自在，畅游在蔚蓝色的大海中，给大海带来无限生机。

海洋鱼类有1.2万余种。它们是一种用鳃呼吸，用鳍运动，体表被有鳞片，变温的海洋脊椎动物。

鱼纲分两大类群：软骨鱼类和硬骨鱼类，软骨鱼有5～7对鳃孔，主要种类属板鳃亚纲；硬骨鱼类有鳃盖，主要种类属辐鳍亚纲。

海洋鱼类形态各异：有非常适宜游泳的鱼雷形、有适合在海底生活的侧扁形，还有蛇形、带形甚至球形和方形。海洋鱼类主要的运动和平衡器官是鳍。尾鳍在尾部末端，有转向和推动等作用。其他的鳍具有转向和保持平衡的作用。有些鱼类的鳍特化成其他奇特结构，比如有的变成小灯笼吸引小鱼上钩、有的能支撑笨拙的身体在陆地上"行走"、有的变成"机翼"能够飞出水面滑翔。

食人鲨——大白鲨

动物名片

姓名： 大白鲨（Great White Shark）

分类： 鱼纲 鼠鲨目 鼠鲨科

分布： 大洋热带及温带区

特点： 噬血

大白鲨可是海洋中的明星！在海洋世界中极负盛名，无人不知，无人不晓。

作为大型的海洋肉食动物之一，大白鲨有着独特冷艳的色泽、乌黑的眼睛、尖利的牙齿和有力的双颚，这让它们成为世界上最易于辨认的鲨鱼。大白鲨又称噬人鲨、白死鲨，是大型进攻性鲨鱼。因其体型庞大且极具攻击性而被称为"海洋杀手"。

超级灵敏的嗅觉和触觉

大白鲨的嗅觉极其敏锐，这归功于它嗅觉神经器官占到了脑容量的40%，它能够嗅到1千米外被稀释成原浓度1/500的血液的气味，这是因为它身上有几百个感受器，感受器内有密布的感觉细胞，能够感知周围极微弱的电场和生物电；而且它是个行动主义者，可以40千米/小时以上的速度前进！大白鲨凭着这特殊功能而变得阴森可怕！

大白鲨咖啡馆

大白鲨喜欢独来独往，是不合群的动物，但这种最可怕的食肉动物也会成群结队地聚集在墨西哥和夏威夷之间的一个深海"水洞"，即著名的"大白鲨咖啡馆"，它们在那里嬉戏、交配。

极强的好奇心

大白鲨生性贪婪，具有很强的好奇心，经常从水中抬起它的头。更令在水中的人担心的是，它经常通过啃咬的方式去探索不熟悉的目标，如玻璃瓶、木头、破胶鞋等都难逃其尖利的牙齿。许多鲨鱼生物学家认为，对人类的进攻是这种探索行为的结果。由于大白鲨令人难以置信的锋利牙齿和上下颚的力量，会轻易地致人死亡。

《大白鲨1》

影片《大白鲨1》（1975年，导演：斯蒂文·斯皮尔伯格）讲述在一个度假的小镇上发生了一起大白鲨杀人的恐怖事件，小镇上出名的捕鱼高手和同伴经历千辛万苦与凶残的大白鲨搏斗的故事。

像鲸不是鲸——鲸鲨

动物名片

姓名：鲸鲨（Whale Shark）

分类：鱼纲　须鲨目　鲸鲨科

分布：热带和亚热带海域

特点：洄游

主食：海洋小生物

到底是鲸还是鲨

鲸鲨是最大的鲨，而不是鲸。它们用鳃呼吸，是鱼类中身体最大者，通常体长在10米左右。鲸鲨体呈稍纵扁的圆柱状，体灰色或褐色，体侧隆嵴明显；头扁平而宽广。下侧淡色，具明显黄或白色小斑点及窄横线纹，俗称"金钱鲨"；一般在水面缓慢游动，偶尔会被船只碰撞。虽然鲸鲨拥有巨大的身躯，不过不会对人类造成重大的危害，鲸鲨的个性是相当温和的，会与潜水人员嬉戏。有一项未经证实的报告指出，鲸鲨会保持静止，将身体翻转过来让潜水人员清理腹部的寄生生物。

雌性鲸鲨会储存雄性鲸鲨的精子

鲸鲨是一种难以研究的动物，特别当涉及跟踪调查个别鲸鲨的交配和繁殖时，研究

↑ 鲸鲨

更显得困难。但一份新而罕见的鲸鲨胚胎分析表明，雌性鲸鲨是一种渐进式生产的鱼，交配一次后能储存大量的精子。

　　研究人员尚不知鲸鲨一次性可以将精子储存多久，也不知道它们繁殖期可以交配几次。

动物与人类

　　东南亚特别是中国台湾周边海域是鲸鲨主要捕捞区，捕捞上来的鲸鲨可用来食用，鳍有时也会被割下制作鱼翅。肝脏可制作鱼肝油或者工业用油，用来做肥皂、油漆、蜡烛等；皮可制革，是一种上等的皮革原料；肉、骨和内脏可制鱼粉，用以喂养家禽和家畜，降低畜牧业养殖成本。可以说，鲸鲨全身都是宝。

活的发电机——电鳐

动物名片

姓名：电鳐（Electric Rays）

分类：鱼纲 电鳐目 单鳍电鳐科

分布：热带及温带水域

特点：放电

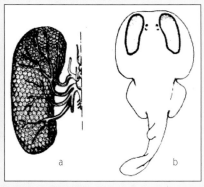

↑单鳍电鳐的发电器（a）和所在部位（b）

↑双鳍电鳐

　　海洋里的生物真是无奇不有，小小的海洋动物竟然能发出高压电，这可真是让人惊叹！这种能发电的神奇鱼类叫做电鳐。

　　电鳐最大的个体可达2米，很少在0.3米以下；背腹扁平，头和胸部在一起；尾部呈粗棒状；整体像团扇；在头胸部的腹面两侧各有一个肾脏形蜂窝状的发电器。它们排列成六棱柱体，叫做"电板"柱。电鳐身上共有2 000个电板柱，有200万块"电板"。这些电板之间充满胶质状的物质，可以起绝缘作用，因此它们放电时不会电到自己。

发电原理

　　电鳐身上的电来自于肌肉纤维演变而成的电板。电板相当于电池的正、负极，无数个细密的电板规则地排列，形成六棱柱状的电柱，在脑神经的支配下便能发出电来。单个电板产生的电压、电流微乎其微，但电鳐体内有2 000多个电板柱，每个电柱有1 000多块电板，发电器官占体重的1/6，电板串联，电柱并联，电压便会达到80～200伏。据说太平洋深海的巨型电鳐，瞬间能放电1 100伏，可谓高压电了。电鳐每分钟脉冲式放电可达50次，逐次减弱。放完电以后电流会消失10到15秒，稍事休息后又可继续放电。电鳐放电是为了御敌捕食、探测导航及寻偶等，也是为了适应黑暗危险的海底世界。

电池与电鳐

电鳐的放电特性启发人们发明和创造了能贮存电的电池。人们日常生活中所用的干电池，在正、负极间置于糊状填充物，就是受电鳐发电器里的胶状物启发而改进的。

Link

电鳐中的新物种——真空吸尘器电鳐

"真空吸尘器电鳐"这个新品种是已知最大的电鳐家族单鳍电鳐科的成员。科学家们拍摄的电鳐觅食影像显示，这种鱼可在水中像吸尘器一样捕食猎物，这或许能跟电动吸尘器相媲美。因此，科学家按照伊莱克斯真空吸尘器的名字来给它们命名。

最不像鱼的鱼——海马

动物名片

姓名： 海马（Sea Horse）

分类： 鱼纲 刺鱼目 海龙科

分布： 南、北纬45°之间的温带及热带浅海水域

特点： 有育儿袋，头部似马首

主食： 小型甲壳类

↑颜色特别的"黄金海马"

乍一看，怎么也想不到海马会是鱼！

海马确实是一种奇特而珍贵的浅海小型鱼，因头部酷似马首而得名；体长一般为10～30厘米，身体侧扁，完全包于骨环中；尾部细长，能卷曲；头部弯曲，与身体成一大钝角或直角；吻呈管状，口小，鳃孔小；眼睛很特别，能够分别旋转并"各司其职"，也就是说，海马可以用一只眼睛监视来敌，另一只则用来寻找食物！它们的尾鳍完全退化，小而几乎透明的鱼鳍可使海马上下左右移动，但速度很慢。

中国沿海海马的种类有克氏海马、刺海马、冠海马、三斑海马等。

海马喜欢生活在缓流中，性格懒惰。游动时，身体垂直向上；休息时，将尾巴绕在水草上一动不动。海马的体色和变色龙一样，能随着环境色的变化而变化，从而逃避天敌的追击。

海马中的奇异种类——生活在澳洲的叶海马，与海藻极其相似。

人工养殖海马

伴随着人类欲望的膨胀，野生海马的前途不容乐观。有调查显示，一些海马已经接近灭绝的边缘，但所幸的是现在海马的人工饲养已经获得成功。

Link

海马奇特的生育过程

海马最奇特的地方是生育过程，因为小海马是由雄海马"生"出来的。在抚育后代方面，海马算是鱼类中最为奇特的动物了。雄性海马的胸前有育儿袋，最多一次可以装下2 000个小海马。雌海马把卵产到雄海马的育儿袋里，卵子在雄海马的育儿袋中受精并孵化。雄海马需要不断调整育儿袋内海水的盐度，令小海马逐渐适应海水环境，最后将后代从育儿袋中挤出。可以说，雄海马是标准的模范爸爸！虽然如此，但小海马还是很容易遭到捕食者的袭击，成活率不到千分之五 。海马这种特殊的生育方式对物种繁衍后代的益处，还有待研究。

提灯女神——鮟鱇

动物名片

姓名： 鮟鱇（Anglerfish）

分类： 鱼纲 鮟鱇目 鮟鱇科

分布： 大西洋、太平洋和印度洋

特点： 头顶灯笼，善于伪装

大家千万不要误会，这里说的提灯女神可不是那位著名的护理学家——佛罗伦萨·南丁格尔，而是在自然界中总是举着一个小灯笼的鮟鱇。但不得不承认的是，它们长得实在太丑了。

奇丑无比，声似咳嗽

鮟鱇又叫做老人鱼，因为它发出的声音似老人的咳嗽声。鮟鱇的前端扁平呈圆盘状，身躯向后细尖成柱形，两只眼睛生在头顶上，一张血盆大口长得和身体一样宽，嘴巴边缘长着一排尖端向内的利齿；腹鳍长在喉头，体侧的胸鳍有一个臂，它平时栖伏水底，紫褐色的身体上光滑无鳞但散杂着许多小白点，整个体色与海底颜色差不多。

提着灯笼的鱼

在长期的演化过程中，鮟鱇的背鳍发生了变化：第一个背鳍逐渐向头部延伸，背鳍的前三枚鳍棘在头顶前方分离呈丝状，末端有一根发光的皮瓣，生物学上把这个"小灯笼"称为拟饵。"小灯笼"之所以会发光，是因为在灯笼内有腺细胞，能够分泌光素。光素在光素酶的催化下，与氧作用进行缓慢的氧化反应而发光。深海中有很

↑ 变色鮟鱇

↑ 爬行接近猎物

多鱼都有趋光性，于是"小灯笼"就成了鮟鱇引诱食物的有利武器，闪烁的"灯笼"不仅可以引来小鱼，还可能引来敌人。鮟鱇无论大小都异常贪食，一种抹灰板大小的康默森氏鮟鱇可吞食相当其体长2倍的猎物，饥不择食时甚至还以同类为食。

巧妙的"伪装大师"

多种鮟鱇的胸鳍和腹鳍似乎更适合爬行而非游动，水下摄影师弗雷德·贝丹姆就曾见到鮟鱇在海底一步步移动逼近猎物的情景。有位诗人曾这样描述这种怪诞的海鱼："皮肤非常松软，步履蹒跚……巧施诡计屡屡得手。"它们成功生存的秘诀，就在于头顶上耸立的颇似小诱饵的棘状突起。

除适时变色适应环境外，其生存绝招还在于身上的斑点、条纹和饰穗，俨然一副红海藻的模样；尤其那种身披饰穗的鮟鱇，更擅长潜伏捕食和逃避天敌追杀。

Link

提灯女神

1854年，英、法、土耳其等国向沙俄宣战，克里米亚战争爆发。战争中士兵死伤无数，这时一位年轻的护士出现了。她白天护理伤员，夜晚则提着油灯挨个巡视营房，探望安慰伤员，拯救了很多士兵的生命。这些士兵无比崇尚这位护士，亲切地称呼她为"提灯女神"。这位年轻的护士就是被称为"护理先驱"的俄国贵族小姐——佛罗伦萨·南丁格尔。

神秘的海洋灯火——灯笼鱼

动物名片

姓名：灯笼鱼（Lantern Fish）

分类：鱼纲 灯笼鱼目 灯笼鱼科

分布：大西洋、印度洋和太平洋

特点：发光

  海中夜航，要是你注意的话，在一片漆黑的海面上，突然会看到游来一条"火龙"，或者一行亮堂堂的"火炬"。这些灯火是海中的一些动物点起来的。在大海的深处这种点灯的动物很多。它们给宁静的海底世界带来了生命的气息。在发出灯光的神奇生物中，灯笼鱼就是一种。

  灯笼鱼又叫做头尾灯鱼、提灯鱼、车灯鱼等，属于小型深海发光鱼。它们体长形，头、眼、口大；两颌、犁骨、腭骨具锐利小齿；胸鳍和腹鳍短小，尾鳍深叉形；在头、胸、腹、臀鳍及尾柄上有排列规律、左右对称的发光器。

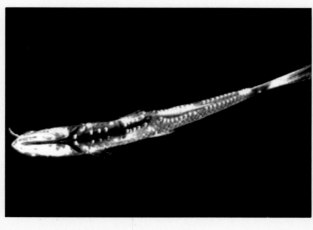

↑ 正在发光的灯笼鱼

灯笼鱼的种类繁多，分布在北极到南极的各大洋，已知的约有241种，大多为身长5~15厘米的小型种，体侧排列着发光器，发光器的数量和排列位置依种类而不同，雌、雄间也有差异。

发光原理

灯笼鱼的发光器，是一群皮肤腺细胞特化而成的发光细胞。这种细胞能分泌出一种含有磷的腺液，它在腺细胞内可以被血液中的氧气所氧化，而氧化反应中放出的一种荧光就是灯笼鱼所发出的光。但是，这些"灯火"，只发光，不发热，所以人们称它们为海底的"冷灯"。

在夜里，点起"灯笼"来，小动物看到灯光，就被吸引过来成了灯笼鱼的点心。有了灯光，灯笼鱼还能寻找和邀请自己的同伴，凶猛的敌人看见了，就不敢轻易地侵袭它们。

海洋中的鱼医生——裂唇鱼

动物名片

姓名： 裂唇鱼（Bluestreak Cleaner Wrasse）

分类： 鱼纲 鲈形目 隆头鱼科

分布： 印度洋和西太平洋

特点： 给鱼"治病"，性逆转

主食： 寄生虫

裂唇鱼俗称"倍良"、"漂漂"等。裂唇鱼体呈枪形，侧面略扁。幼鱼体色呈黑色且有蓝纵带，成体鱼则为黄白色有蓝黑纵带，是清洁鱼的一种。

如何治病

裂唇鱼天生的本领是专门在各种"病鱼"身上捕食寄生虫，因此被称为"鱼医生"。裂唇鱼需要生存，大鱼需要去除身体上的寄生虫，它们之间的关系是一个互利共生的绝妙例子。裂唇鱼一般在礁石附近等着"病鱼"上门，它们能将"病鱼"体表、鱼鳃甚至嘴里的寄生虫一口一口地吃掉。由于它们给病鱼除虫治病认真负责，深得"病鱼"的好感，"病鱼"都会温顺地让裂唇鱼在自己身上捕捉寄生虫，而且主动张开大口和鳃盖，让裂唇鱼进入口腔或鳃腔里捕虫和清除污物。凶恶的大海鳝对裂唇鱼也十分友善，从来不会伤害它们，有时还充当裂唇鱼的保护者。

"货比三家"的服务

裂唇鱼的顾客有两大类：一类是只在当地活动的鱼，一类是周游的鱼。只在当地活动的鱼没有多少选择余地，只能找固定的裂唇鱼，而四处游弋的鱼则可"货比三家"。所以对于裂唇鱼来说，它们对后者的服务要更好一些，这样可以吸引更多的"回头客"。

裂唇鱼的"性逆转"

在裂唇鱼的"小社会"里，"头领"这个角色是由一条体型最大的雄鱼来充当的。以领导者为中心，周围有3~6条雌鱼围着它。性逆转的情形发生在雄鱼首领消失时，最大的雌鱼采取像雄鱼般的攻击行为，此行为发生在雄鱼消失的1~2小时。数小时后，这条最大的雌鱼就能完全代替领导者的地位而看守自己的领域范围。2~4天后，这个新的领导者会变成雄鱼。

爱搭便车的懒汉—— 䲟鱼

动物名片

姓名： 䲟鱼（Shark Sucker）

分类： 硬骨鱼纲 鲈形目 䲟科

分布： 热带、亚热带和温带海域

特点： 吸附在大鱼身体上

䲟鱼，外号叫做"天生旅行家"，堪称是世界上"最懒"的鱼。䲟鱼身体细长，最长可达1米。头偏小，头与体前端的背侧平扁，有一长椭圆形吸盘，身体从前往后渐成圆柱状；眼间隔宽平，全由吸盘占据。

䲟鱼搭便车

䲟鱼游泳能力很差，吸盘可谓是䲟鱼的"杀手锏"。在海洋里生活的䲟鱼，是典型的"免费旅行家"。它们时常附在大鲨鱼、海龟、鲸的腹部或船底甚至游泳者或潜水员的身上搭便车免费旅游，往往在摄取完养料之后就更换宿主，可谓是个不折不扣的"寄生虫"。

鲨鱼嘴里抢食吃

众所周知，鲨鱼是海洋中最凶猛霸道的鱼类，不过曾有报道称在一家海洋世界里鲨鱼曾成了被"欺负"的对象——一条身长近1米的䲟鱼随时可以从比它大几倍的鲨鱼口中抢夺食物，鲨鱼为此经常饿肚皮。据介绍，此海洋世界已有两条鲨鱼因饥饿生病死亡。放进䲟鱼的初衷是给鲨鱼做个伴，可没想到现在反而轮到鲨鱼受欺负了。䲟鱼会用自己强力的吸盘死死贴在鲨鱼的身上，无论鲨鱼游向哪里，䲟鱼都会寸步不离；如果有小鱼靠近，䲟鱼就会像箭一般冲过去，先将食物揽入口中，迟到的鲨鱼拿它毫无办法。结果，那两条鲨鱼都饿死了。

Link

鲫鱼的吸盘为什么会牢牢地吸附在附着物上

　　鲫鱼的吸盘中间有一根纵条，将吸盘分隔成两块，每块都规则地排列着22～24对软质骨板，这些骨板可以随意竖起或倒下，它的周围是一圈富有弹性的皮膜。贴着附着物时，软质骨板就马上竖直，挤出吸盘中的海水，使整个吸盘形成许多真空小室。借助外部大气和水的巨大压力，鲫鱼就牢牢地"印"在附着物上了。

↓一条鲫鱼吸附在海龟背上到处旅行

会变成球的鱼——河鲀

动物名片

姓名： 河鲀（Puffer Fish）

分类： 鱼纲 鲀形目 鲀科

分布： 北太平洋西部，中国各大海区

特点： 剧毒

众所周知，河鲀是一种非常美味的鱼，但身上有剧毒。

河鲀的身体短而肥厚，生有很细的小刺。它们上、下颌的牙齿都是连接在一起的，就像一块锋利的刀片，这使河鲀能够轻易地咬碎硬珊瑚的外壳。有意思的是河鲀的两只眼睛：一只用来追捕猎物，另一只可以用来放哨，这一特点与海马相似。在遇到危险时，河鲀会迅速地吸气，并膨胀成圆鼓鼓的状态——诈死，这样又使得捕食者无从下嘴，河鲀就可逃过一劫。在中国，河鲀有30余种，常见的有黄鳍东方鲀、虫纹东方鲀、红鳍东方鲀、暗纹东方鲀等，其中以暗纹东方鲀产量最大。

拼死品尝"西施乳"

　　《山海经·北山经》记载，早在4 000多年前的大禹治水时代，长江下游沿岸的人们就食用河鲀，而且知晓"河豚(鲀)有毒，食之丧命"。2 000多年前春秋战国时期的吴越盛产河鲀，河鲀被推崇为极品美食。据说，吴王在品尝河鲀时，对其洁白如乳、丰腴鲜美、入口即化、美妙绝伦的感觉，不知该如何形容，联想起美女西施，遂起名"西施乳"并在民间传开了。

河鲀的毒素在哪里

　　河鲀毒素为神经毒素，其毒性比氰化钾要高近千倍，河鲀肉中毒素含量较小，而卵巢和肝脏中最多。在日本，经营河鲀料理的餐馆，必须取得国家承认的料理河鲀资格。河鲀肉虽然鲜美，剧毒却不能小觑。

芦根汤缓解河鲀毒

　　河鲀中毒一般在食后0.5～3小时发生。先是胃肠道刺激症状，继则口唇、舌、上下肢知觉迟钝，渐至四肢麻痹、呼吸困难、血压和体温下降，终至窒息麻痹而死。此时，必须及时送医院处理；亦可先以鲜橄榄120克、鲜芦根120克捣汁或煎汁服下，暂缓毒素蔓延，之后速送医院。

与众不同的热血鱼——金枪鱼

动物名片

姓名： 金枪鱼（Tuna）

分类： 鱼纲 鲈形目 金枪鱼科

分布： 低中纬度海区

特点： 体温比水温高、大范围洄游

金枪鱼又叫做"吞拿"，是一种大洋暖水洄游性鱼。金枪鱼体形呈纺锤形，横断面呈圆形。金枪鱼的鳞退化成了小圆鳞，而尾部强劲的肌肉及新月形尾鳍也成就了金枪鱼快速游泳的本领，一般时速为30～50千米，最高速可达160千米/小时，比陆地上跑得最快的动物还要快。金枪鱼的旅行范围非常广，能做跨洋环游，因此金枪鱼被称为"没有国界的鱼"。

绝大多数鱼类是冷血的，而金枪鱼却是热血的，体温高和新陈代谢旺盛使金枪鱼的反应矫捷迅速，成为超级猎手。

2010年3月中旬在卡塔尔首都多哈举行的联合国《濒危野生动植物物种国际贸易公约》会议上，金枪鱼成为媒体关注的热门话题，争议的焦点在于把金枪鱼定位为濒危物种还是商业资源。

世界自然基金会估计，以目前的捕捞速度，在地中海产卵的大西洋蓝鳍金枪鱼将很快会消失。

金枪鱼群

海洋中的飞行家——飞鱼

动物名片

姓名： 飞鱼（Flying Fish）

分类： 鱼纲 颌针鱼目 飞鱼科

分布： 全球的温暖水域

特点： 能够飞行

　　在热带、亚热带和温带海域，经常会出现这样的场景：蓝色的海面，突然跃出了成群的"小飞机"，它们犹如群鸟一般掠过海空，高一阵，低一阵，翱翔竞飞，景象十分壮观。产生这种壮美景观的就是以飞行而著称的飞鱼。

　　飞鱼共有8属50种。它们长相奇特，体型较短粗，近乎于圆筒形；胸鳍特别长，最长可达体长的3/4，呈翼状，尾鳍呈深叉形；体色一般背部较暗，腹侧银白色，胸鳍颜色各不相同。飞鱼由于肩带和胸鳍发达，在尾鳍和腹鳍的辅助下，能够跃出水面滑翔，这种技能便于飞鱼逃避鲯鳅、剑鱼等敌害的追逐。

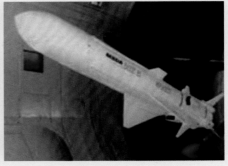

↑ 飞鱼寻弹

飞鱼飞行的秘密

科学家通过高速摄影揭开了飞鱼"飞行"的秘密。

确切地说，飞鱼并不会飞，只能进行短距离的滑翔。飞鱼准备离开水面时，必须在水中高速游泳，胸鳍紧贴身体两侧，像一只潜水艇稳稳上升。在海面上用尾部用力拍水，使身体射入空中；跃出水面后，打开胸鳍与腹鳍快速向前滑翔。飞鱼在滑翔过程中"翅膀"并不扇动，而是靠尾部的推动力在空中做短暂的"飞行"。如果将飞鱼的尾鳍剪去，再放回海里，它们就再也不能腾空了。

动物与人类——飞鱼导弹

法国人研制了一种导弹，是一种能低空飞行的空对舰导弹，造价较低，取名为飞鱼导弹。

Link

飞鱼岛国

巴巴多斯是位于加勒比海东端的珊瑚岛国，以盛产飞鱼而闻名于世。这里的飞鱼种类很多，小的飞鱼不过手掌大，大的有2米多长。飞鱼是巴巴多斯的特产，也是这个美丽岛国的象征，许多娱乐场所和旅游设施都是以"飞鱼"命名的，用飞鱼做成的菜肴则是巴巴多斯的名菜之一。站在海滩上放眼眺望，一条条飞鱼破浪而出，在海面上穿梭交织，迎着雪白的浪花腾空飞翔，划出一道道优美的弧线，令人目不暇接。游客们在此不仅能观赏到"飞鱼击浪"的奇观，还可以获得一枚制作精致的飞鱼纪念章。

会爬树的鱼——弹涂鱼

动物名片

姓名： 弹涂鱼（Muds Kipper）

分类： 鱼纲 鲈形目 弹涂鱼科

分布： 温、热带近海区域

特点： 会爬树

　　弹涂鱼，又叫做"跳跳鱼"、"花跳"，弹涂鱼是一种行动敏捷的，长着灯泡似眼睛的两栖鱼类，生活在岸边的红树林中和平坦的海边泥地上。茁壮的树木把海洋和陆地连接起来，不久就有生物冒险来到海边，样子奇特的弹涂鱼就是其中的一员。

　　弹涂鱼身体前部略呈圆柱状，后部侧扁；眼位于头部的前上方，突出于头顶，两眼颇接近；腹鳍短且左右愈合成吸盘状；肌肉发达，故可跳出水面运动。

含着神奇的"一口水"爬上树

　　弹涂鱼离开水远行时会在嘴里留一口水，以此来延长它在陆地上停留的时间，因为嘴里的水可以帮助它们呼吸。弹涂鱼的腹鳍已进化为吸盘，可帮助它们牢固地待在自己的位置上，还可以强有力地把身体托起爬上树，然后胸鳍把身体往前拉，两者协调运动就能让弹涂鱼走得更远。

跳舞求婚

每到春季，雄鱼就会寻找合适的地面作为自己的势力范围，然后在泥地上挖一个洞。洞挖好后，雄鱼就开始四处寻找配偶。退潮后，雄鱼开始在雌鱼面前跳"求偶舞"。为了引起雌鱼的注意，雄鱼往嘴、鳃腔充气而使其头部膨胀起来，同时它还通过将脊背弯成拱形、竖起尾鳍、不断扭动身体等挑逗性动作来引诱雌鱼。如果另一条雄鱼来到跟前，它会更加卖力地表演，以免它的"意中人"被别人抢去。在此期间，它每隔一段时间就要停下来，看看对方是否已对自己失去了兴趣或落入它的竞争对手的"魔爪"里。然后，这位"求婚者"会钻入它的洞中，并很快再钻出来，以此来引诱雌鱼。它似乎在向雌鱼传达这样一个信息："进来吧，这里是你温暖的家。"弹涂鱼的花招还真是不少。

海上人参

弹涂鱼肉质鲜美细嫩、爽滑可口，含有丰富的蛋白质和脂肪，因此日本人称其为"海上人参"；特别是冬令时节弹涂鱼肉肥腥轻，故又有"冬天跳鱼赛河鳗"的说法。

海洋生物

053

跳舞的弹涂鱼

浪尖上的舞者——大麻哈鱼

动物名片

姓名： 大麻哈鱼（Salmon）

分类： 鱼纲 鲑形目 鲑科

分布： 北半球的大洋

特点： 溯河洄游

大麻哈鱼又名鲑鱼。大麻哈鱼体侧扁，背鳍起点是身体的最高点，从此向尾部渐低弯；吻端突出，微弯，形似鸟喙；口大，内生尖锐的齿，是凶猛的食肉鱼类。大麻哈鱼9月份进入江河支流时体色银白或散布小黑点，两侧有暗色横条纹，生殖季节颜色变鲜艳；生活在海洋时，体呈银白色。中国的黑龙江畔盛产大麻哈鱼，是"大麻哈鱼之乡"。

大麻哈鱼属溯河洄游性鱼。在生殖季节，大麻哈鱼便成群结队地离开海洋进入江河，溯流而上，越过鄂霍次克海，洄游到乌苏里江和黑龙江——它们出生的地方。为了繁殖后代，它们几乎是不顾一切，迎着严寒，穿过激流，跃过险滩，溯河而上。由于时间集中，鱼群集中，中途稍有阻塞，便前仆后继、蜂拥簇至，形成壮丽的自然奇观。产完卵的大麻哈鱼体无完肤、面目全非，就在这祖祖辈辈完成生殖使命的地方，一批批血肉模糊的大麻哈鱼悲壮地死去，一层又一层大麻哈鱼的尸体漂浮在江面——其实只有0.4%的大麻哈鱼能回到出生地完成产卵，这就是所谓的"海里生，江里死"。

"少小离家老大回"，出游万里，生死回归一处。它们依靠的是一种什么样的记忆或是机制？有人说是家乡河流的气味在引路，有人说不是。总之，按人类的直觉来理解，这还是一个难以解答的自然之谜。我们人类也要像大麻哈鱼一样，要敢于在生活的浪尖上舞蹈，去走完自己所向往的一生！

溯河洄游鱼类

像大麻哈鱼这样在淡水中出生，然后到海洋中长大，成年后再溯河洄游重返故乡生殖后代的鱼称为溯河洄游鱼类

↑逆流而上的大麻哈鱼

Link

关于大麻哈鱼的传说

　　相传唐王东征时来到黑龙江边，正逢"白露"时节，被敌人围困，外无援兵，内无粮草。正当唐王一筹莫展之时，一大臣奏道："何不奏请玉皇大帝，向东海龙王借鱼救饥？"唐王听从了大臣的建议，向玉帝奏请。玉帝便令东海龙王派一条黑龙带领鲑鱼前来镇守这条江，人马得到鱼吃，力量倍增，大获全胜。马原来是不吃鱼的，自此马便开始吃鱼了，但也只是吃鲑鱼。后经演绎，就把鲑鱼叫做"大麻（马）哈鱼"。

凶猛残暴的生物——海鳗

动物名片

姓名：海鳗（Conger Pike; Sea Eel）

分类：鱼纲 鳗形目 海鳗科

分布：全球各大海域

特点：凶残

主食：章鱼、虾、蟹、小鱼

　　海鳗是海洋里一种非常凶猛的生物，长相可怕，性情残暴。

　　海鳗也叫做尖嘴鳗、乌皮鳗、九鳝、门鳝、狼牙鳝、勾鱼等。全球有8属14种海鳗。

　　海鳗一般体长50厘米以上，身体呈长圆筒形，头尖长，后部侧扁。它们的眼大，近圆形，眼间隔微隆起。最引人注意的是它们的口大，上颌突出，略长于下颌，两颌牙强大而锐利，均为三行。海鳗性情凶猛，贪吃，水质清澈时喜欢蜗居在洞穴里，而一旦风浪把水质弄浑浊后就趁乱四处觅食。

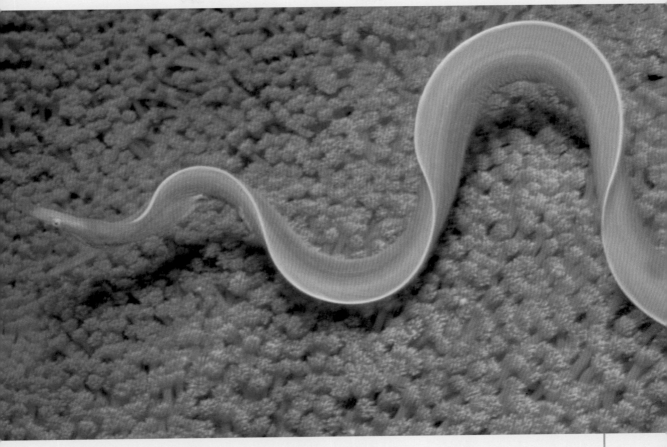

↑鲜艳的海鳗

凶恶的吃人妖魔

当海鳗袭击在深海中的潜水员或采集海产品的人时，它们会紧紧咬住人的腿或胳膊，直至把人淹死。有些种类的海鳗有毒，哪怕是被它们咬一小口，也会有危险。

海鳗捕食

当海鳗捕食时，它们会以闪电般的速度向猎物靠近，然后用前端有牙的下颌夹住猎物。几乎同时，隐藏在咽喉后部的如同叉子一般具有攻击性的内颌会跳出来，扑向猎物，然后拖入腹中。海鳗的这种吞食方式很独特。

六亲不认的鱼——带鱼

动物名片

姓名：带鱼（Hairtail）

分类：鱼纲 鲈形目 带鱼科

分布：印度洋、太平洋沿岸海域

特点：自相残食

主食：毛虾、乌贼及其他小型鱼类

　　带鱼的体型正如其名，侧扁如带，呈银灰色；背鳍及胸鳍呈浅灰色，有很细小的斑点，尾巴为黑色。带鱼头尖口大，到尾部逐渐变细，好像一根细鞭，全长1米左右。带鱼是一种比较凶猛的肉食性鱼类，有"昼伏夜行"的习性。它们游动时不用鳍划水，而是通过摆动身躯向前运动，行动自如；既可前进，也可以上下窜动，动作十分敏捷。

带鱼在海洋鱼类中是一种小型鱼，但它们的性情却非常凶猛。它们对生活在周围海域中的其他生物，总是不分青红皂白胡乱吞食、撕咬不放，一直吃到大腹便便方肯罢休。

渔民都知道，带鱼之间经常出现自相残食的现象。每当带鱼饥饿的时候，不管是父母、兄弟一概翻脸不认，强者吃弱者，实力差不多的就相互搏斗，直到两败俱伤或一伤一亡方才罢休，真可谓"六亲不认"。聪明的渔民就是利用带鱼的这种残忍性格，将计就计地采用以带鱼钓带鱼的方法，常常会出现一条带鱼上钩、另一条带鱼咬尾，甚至接二连三地拖上数十条带鱼的奇异现象。

↑皇带鱼

 Link

皇带鱼

皇带鱼是传说中的海洋怪物，属鲈形目皇带鱼科，它们生活在深海的中、上层。关于皇带鱼的恐怖传说很多，欧洲渔民称它们为"海魔王"。

吉祥的红鱼——真鲷

动物名片

姓名： 真鲷（Red Porgy）

分类： 鱼纲 鲈形目 鲷科

分布： 印度洋和太平洋西部，中国近海

特点： 味美色艳

主食： 底栖甲壳类、软体动物、棘皮动物、小鱼及虾蟹类

真鲷又叫做加吉鱼、红加吉、铜盆鱼、大头鱼、小红鳞等，是中外驰名的名贵鱼。真鲷身体侧扁形，一般体长15～30厘米，体重300～1 000克；身体被淡红色鳞片覆盖；尾鳍后缘为墨绿色，体侧背部散布有鲜艳的蓝色斑点，游泳时闪现蓝光，色泽优美。真鲷肉含有大量的蛋白质，味道特别鲜美。

真鲷为近海暖水性底层鱼，它们喜欢栖息于水质清澈、藻类丛生的岩礁海区，结群性强，游泳迅速。有季节性洄游习性，表现为生殖洄游。

山东蓬莱民间有加工、食用真鲷的悠久历史。据史料记载，20世纪20年代以前蓬莱沿海真鲷资源极为丰富，于蓬莱阁下垂钓，可得尺余长的真鲷，因而那里常有三五老翁垂纶而钓，得鱼挑水而烹，乐极而歌，此唱彼和，形成蓬莱十大景之一的"渔梁歌钓"。

脑袋里有石头——黄花鱼

动物名片

姓名: 黄花鱼 (Yellow Croaker)

分类: 鱼纲 鲈形目 石首鱼科

分布: 全球沿海

特点: 脑部有耳石

黄花鱼又名花鱼,鱼脑中有两颗坚硬的石头,叫做耳石,故又名石首鱼。鱼腹中的白色鱼鳔可做鱼胶,有止血之效,能防治出血性紫癜。黄花鱼分为大黄花鱼和小黄花鱼。在中国,大黄花鱼分布于黄海南部、东海和南海,小黄花鱼分布于黄海、渤海、东海。

小黄花鱼体长短于大黄花鱼,一般为15～25厘米,与大黄花鱼的主要区别是:大黄花鱼的鳞较小,背鳍起点与侧线间有8～9个鳞片,而小黄花鱼的鳞较大,在背鳍起点与侧线间有5～6个鳞片;大黄花鱼的尾柄较长,其长度为高度的3倍多,而小黄花鱼仅2倍左右;大黄花鱼肉肥厚但略嫌粗老,小黄花鱼肉嫩味鲜但刺稍多。

发声求偶

多数黄花鱼均能利用邻近鳔的"鼓肌"发出近似击鼓或"蛙—嘎"的声响。它们在春夏之交的繁殖季节,常会聚集并集体发出求偶的声音,在水面下即可监听到,渔民会利用声纳和音响来找到鱼群,将它们一网打尽。

黑暗世界里的发光鱼——宽咽鱼

动物名片

姓名： 宽咽鱼（Gulper Eel）

分类： 硬骨鱼纲 囊鳃鳗目 宽咽鱼科

分布： 各大洋的深海中

特点： 奇形怪状，尾部发光

　　宽咽鱼是一种典型的深海鱼，是大洋深处相貌最奇怪的生物之一。它们最显著的特征就是嘴大——没有可以活动的上颌，而巨大的下颌松松垮垮地连在头部，从来不合嘴；它们张大嘴后，可以很轻松地吞下比它们还要大的动物。宽咽鱼没有肋骨，因此它们的胃可以扩张以容纳体积巨大的食物。它们在西方得到"伞嘴吞噬者"的名称，而在中文中被叫做"宽咽鱼"。

　　由于生活在深海，宽咽鱼视力亦不发达。幼年的宽咽鱼生活在海水中100～200米深的光合作用带，成年后则游向海底。

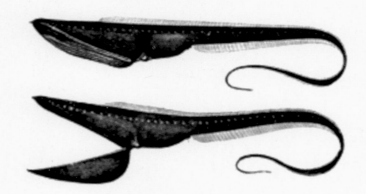

　　海洋的1 000米深处再往下是一片黑暗，水温终年维持在0℃左右。1 000～4 000米的深处，人们称之为半深海层。严酷的自然环境，使半深海层的动物数量大为减少。这里的鱼类仅150种，而宽咽鱼就是其中的一种。

　　深海中根本没有藻类植物，草食性鱼类也已销声匿迹，剩下的只是肉食性鱼类。在这食物极端匮乏的环境中，幸存下来的半深海鱼的模样就变得古怪了。例如，宽咽鱼的口特别大，整个身体倒像个陪衬，它们一张嘴简直像个巨大的陷阱，不管被充饥之物是大是小，一概"照单全收"。

"鱼瞎子"也"点灯"

　　在这暗无天日的环境中，鱼眼显然已失去作用；因而多数鱼眼变小了，有的已丧失视力，成为盲鱼。奇怪的是生活在半深海层的鱼类大多会发光，宽咽鱼的长尾末端也可以发光，这岂非"瞎子点灯，多此一举"吗？不，它们的光可以用来吸引猎物。

爱晒太阳的大笨鱼——翻车鱼

动物名片

姓名： 翻车鱼（Sunfish）

分类： 硬骨鱼纲 鲀形目 翻车鲀科

分布： 全球各大洋

特点： 爱晒太阳

主食： 水母

↑晒太阳的翻车鱼

大概是因为翻车鱼喜欢晒太阳，所以它们的英文名字为"sunfish"。翻车鱼是世界上最大、形状最奇特的鱼之一。它们体长为1～5米，体重为100～3 000千克。翻车鱼的身体又圆又扁，像艘大船。令人啼笑皆非的是，这艘"船"有"舵"无"桨"，没有腹鳍和尾鳍，只有一对高耸的背鳍。它们的尾部还拖着一条细小的像天线似的尾巴，游动时只能在海里随波逐流，翻来滚去，看上去非常滑稽可笑。

海洋中的"飞碟"

翻车鱼既笨拙又不善游泳，常常被海洋中其他鱼、海兽吃掉。而它们不至于灭绝的原因是具有强大的生殖力，一条雌鱼一次可产3亿个卵，在海洋中堪称产卵量最大的鱼。

当翻车鱼受到海狮的袭击时，它们中的强壮者就迅速地摆动身体，将腹部对着海狮，而头部侧到一边。翻车鱼拥有令人难以置信的厚皮，只要不是被海狮咬中头部，翻车鱼就有可能逃过一劫。当海狮咬不透翻车鱼的厚皮时，就会气恼地将翻车鱼高高地抛向空中，这些翻车鱼就会像飞碟一样在海面上惊险地"飞"来"飞"去……

喜欢晒太阳的大笨鱼

翻车鱼行动迟缓笨拙，主要猎食一些水母。它们常常浮到水面晒太阳来提高体温。根据研究分析——翻车鱼之所以会喜欢平躺在海面上"晒太阳"可能有三种原因：一是利用太阳的热度，杀死寄生虫；二是增加肠胃蠕动；三是平躺在海面上，能够吸引海鸟过来，啄食它身上的寄生虫。

翻车鱼经济价值较高，除了作科学研究和观赏外，它们还是名贵的食用鱼。

海洋鸟类

Sea Birds

　　它们是"上帝"派到人间的精灵，拥有一双令所有动物羡慕的翅膀，风急浪高的海面上，它们就像往返于海面和天堂的使者，给航行的人们带来飓风和暴雨的消息，带领船只走出礁石和漩涡，它们就是可爱的海洋鸟类。

　　海鸟是一类非常美丽的动物，它们的身体呈流线型；体表被覆羽毛，一般前肢变成翼；胸肌发达；食量大，消化快，直肠短，有助于减轻体重，利于飞行；心脏有两心房和两心室，心脏跳动次数快；体温恒定；卵生；呼吸器官是肺，还有由肺壁凸出而形成的气囊用来帮助肺进行双重呼吸。

　　海鸟的种类繁多，全球分布，生态多样。海洋鸟类主要有两个总目：一是企鹅总目，包括善游泳和潜水而不能飞的鸟，如企鹅；二是突胸总目，是鸟纲中最大的一个总目，绝大多数海洋鸟类都属于这个总目，翼和羽毛发达，善于飞翔，胸骨有龙骨突起，强健的胸大肌附着其上，为飞行提供动力，具有中空的充气性骨骼，有利于减轻体重。

　　鸟是人类的朋友。海鸥经常翱翔在码头、港口和船舶周围，洁白的身躯畅游天际，引起人们无限的遐想。

企鹅中的帝皇——帝企鹅

动物名片

姓名：帝企鹅（Emperor Penguin）

分类：鸟纲 企鹅目 企鹅科

分布：南极以及周围岛屿

特点：最大的企鹅

主食：鱼虾

在南极洲一望无际的冰原上，居住着庞大的企鹅族群，它们是南极的象征，给这里带来了无限的生气！

皇帝企鹅，简称帝企鹅，是企鹅中体型最大的一个种类。它们背黑腹白、喙赤橙色，脖子底下有一片橙黄色羽毛，好像系了一个领结，举止从容，一派君子风度。企鹅属于鸟类，却不能飞翔，翅膀演化成游泳的鳍肢。帝企鹅在陆地上行走笨拙无比，但在水里十分灵活，能飞快地游动、敏捷地捕捉小鱼和磷虾。上岸时，企鹅猛地从海面扎入海中，拼力沉潜，到适当的深度后再摆动双足，猛地向上，犹如离弦之箭蹿出水面腾空而起，画出一道完美的倒"U"形线落于陆地之上。若是成群的企鹅一起上岸，那景象十分壮观。

企鹅孵卵

因冬季敌害相对较少，帝企鹅的繁殖时间通常选在严寒的冬季。雌帝企鹅在繁殖地产下蛋后，将其郑重地交给雄帝企鹅，然后返回食物丰富的海洋觅食。雄帝企鹅用嘴把蛋拨到双脚上，用垂下的腹部皮肤遮住。这段时间，雄企鹅弯着脖子、低着头、不吃不喝地站立60多天，仅靠消耗自身脂肪维持体能；而且，为了避寒和挡风，多只雄帝企鹅常常会并排而站，背朝来风形成一堵挡风的墙，相互协作，以保证孵卵的成功率。

企鹅也有"幼儿园"

小帝企鹅出生后不久，雌帝企鹅也返回了繁殖地。在父母双亲的精心抚养下，小企鹅不到一个月就可以独立行走了。为了便于外出觅食，企鹅父母会把小企鹅送到"幼儿园"中，由一只或几只成年帝企鹅集体照顾。小企鹅也会乖乖地等父母回来接它回去。"幼儿园"的小企鹅偶尔也会遭受凶禽、猛兽的侵袭。此时，负责照看的企鹅便会发出救急信号，招呼邻居，前来御敌。

尽管有家庭和集体的双重照顾，但由于南极恶劣环境的压力和天敌的侵害，小企鹅的存活率很低，仅占出生率的20%～30%。

生存危机

全球变暖是企鹅生存出现危机的主要原因。研究表明，全球变暖使海水温度不断升高，造成企鹅的食物来源骤减，而人类在南极的活动也有或多或少的影响，栖息环境的恶化严重威胁了企鹅的生存。

《帝企鹅日记》

《帝企鹅日记》是一套法国生态纪录片，于2005年播出，由洛积·昆彻执导及编剧，内容描绘处于南极洲的帝企鹅每年为了生存和繁衍而进行的艰苦旅程。

忠贞的海鸟——海鹦

动物名片

姓名： 海鹦（Puffin）

分类： 鸟纲 鸻形目 海雀科

分布： 挪威北部的沿海地区

特点： 一夫一妻

　　有一种海鸟，它们昂首挺胸，迈着阔步走来，无奈腿太短，总是摇摇晃晃，透着笨拙；白白的脸庞像是化了浓浓的妆，双眼透着淡淡的红色，像两颗玻璃珠；喙宽大鲜艳，交织着灰蓝、黄、红三种颜色，艳丽的色彩和看起来一本正经的严肃面孔，让人不禁想起马戏团里的小丑。这种名为海鹦的鸟，美丽可爱又憨态可掬，被人们称为鸟类的笑星。

鸟中的"全能王"

海鹦看起来胖胖的，笨拙劲儿与企鹅似有一拼，但本事却比企鹅大得多。海鹦的翅膀并不宽大，但却能在空中以80千米/小时的速度翱翔；不管海面多么狂暴，它们也能从容地在波涛中自由驰骋；想要潜水，一个猛子扎下去，待上一分钟没有问题；在陆地上，虽然奔跑的姿势十分可笑，但速度却不是一般水鸟可比，可谓发展全面。所以，"全能王"这个名号，海鹦是当之无愧。

模范之家

海鹦喜欢群居，一般把巢穴筑在沿海岛屿的悬崖峭壁的石缝中或洞穴里。为了防御天敌，洞穴口不宽，里面却十分宽敞，垫着嫩草编成的草窝，舒适而整洁。

海鹦是一种忠贞的鸟，一旦结为"夫妻"便忠贞不渝。海鹦还很恋家，每年都会找到旧巢孕育生命。小海鹦出世后，海鹦父母更加忙碌，奔走于海与家之间。为了缩短往返次数，海鹦会一边含着食物，一边向下一个目标攻击，曾有只海鹦一嘴衔了62条小鱼。真是不可思议！海鹦"夫妻"轮流觅食哺育幼鸟，进进出出忙碌的身影，充满了家的热闹与温馨。

渐行渐远的精灵

海鹦对生活环境的要求很高，但现在的人类活动对它们造成了威胁，很多不堪重负的海鹦放弃了自己的家园，带着眷恋，带着伤痛，带着无奈与惆怅，逐渐远离我们而去。如今，海鹦栖息地主要集中在法罗群岛、冰岛及挪威的部分地区。愿海鹦能够在这片"净土"上安静地生活。

↑ 叼鱼的海鹦

白色的精灵——海鸥

动物名片

姓名：海鸥（Sea Gull）

分类：鸟纲 鸻形目 鸥科

分布：北美、欧亚大陆及非洲北部

特点：坚强、能预报天气

主食：海滨昆虫、软体动物、甲壳类

在海边，时常有成群的海鸥欢腾雀跃，有的停在沙滩上，悠闲自在；有的跟随在船只后面，展翅飞翔；有的落在海面上静躺休憩，随波逐流，像一艘艘白色的小船，很是惬意。海鸥很惹人喜爱，不少摄影作品中都有它们的身影。

海鸥身长38～44厘米，翼展106～125厘米，寿命24年。成鸟的羽毛有夏羽与冬羽之分。夏羽头颈部为白色，背肩部呈石板灰色，下体纯白色。冬羽与夏羽相似，但在头顶、头侧、后颈等处有淡褐色斑点。海鸥也捕食岸边小鱼，或拾取岸边及船上丢弃的剩饭残羹；部分大型鸥类会掠食同种或其他鸟类的幼雏。

↑被飞镖贯穿头部的海鸥

海上安全的"预报员"

海鸥可以作为海上航行安全的"预报员"。富有经验的海员都知道：海鸥常落在浅滩、岩石或暗礁周围，群飞鸣噪，这无疑是对航海者发出提防撞礁的信号；海鸥还有沿港口出入飞行的习性，在航行迷途或大雾弥漫时，海鸥的飞行方向可以作为寻找港口的依据。

海鸥还是出色的天气预报员。海鸥贴近海面飞行预示
未来的晴天；沿着海边徘徊预示逐渐变坏的天气；如果海
鸥高高飞翔，成群结队地从大海远处飞向海边，或成群聚
集在沙滩上或岩石缝里，这预示暴风雨即将来临！

让人心痛的"坚强"

2010年5～6月，先后有两只海鸥在英国被拍到头部被
飞镖贯穿，但令人惊奇的是两只海鸥丝毫不受影响，依然
展翅高飞。海鸥的生命如此坚强，但却让我们看着心酸！

美丽的海鸥应该自由自在地在天空翱翔，希望这令人
痛心的一幕不再上演，这样的坚强不是我们希望的！

为什么海鸥能预测天气

海鸥的骨骼是空心管状
的，没有骨髓而充满空气。这
样的骨骼很像气压表，能及时
预知天气变化。而且，海鸥翅
膀上还有一根根空心羽管，也
像一个个小型气压表，能灵敏
地感觉气压的变化。

企鹅的天敌——贼鸥

动物名片

姓名： 贼鸥（Skua）

分类： 鸟纲 鸻形目 贼鸥科

分布： 南极、北大西洋地区

特点： 懒惰、极具掠夺性

贼鸥是一类具有掠食性的海鸟，有5个种类。贼鸥如同野鸭子般大小，脚上长着便于划水的蹼。贼鸥羽毛颜色存在差异：在北方贼鸥仅生活在大西洋苏格兰至冰岛地区，羽毛稍呈锈红色；在南方生活的贼鸥，羽毛颜色从灰白色到浅红色再到深褐色。贼鸥敏捷而行动迅速，因极具掠夺性，被冠以"强盗"的恶名。

↓捕食企鹅

贼鸥真的很"贼"

贼鸥生性懒惰，惯于偷盗抢劫，祸害其他鸟类；抢夺食物，霸占巢窝，驱散其他鸟的家庭，可谓是"穷凶极恶"。

贼鸥是企鹅的两大天敌之一。在企鹅繁殖季节，贼鸥经常突袭企鹅的栖息地，叼食企鹅的蛋和雏鸟，闹得鸟飞蛋打、四邻不安。

贼鸥还给科学考察者带来了很大的麻烦。如果不加提防，随身所带的食品，会被贼鸥叼走，这时只能无奈地望空兴叹。1984年，中国科考队进军南极乔治王岛建立长城站时，就有队员拍下贼鸥偷鸡蛋的情景。队员将带来的整箱冻肉埋在雪堆里贮存，贼鸥就整天围着雪堆飞转，用嘴啄雪，试图扒出冻肉。南极鸟儿的生存条件很恶劣，贼鸥的掠夺习性，或许也是对环境的一种适应吧！

动物与人类

虽然贼鸥贼性十足，经常偷吃东西，给科考人员制造麻烦，但它们的存在也为科考队员枯燥、乏味的生活增添了不少乐趣。南极的冬季到来时，极度寒冷，有少数贼鸥会选择在亚南极南部的岛屿上越冬。中国南极长城站周围地区就是它们的越冬地之一。这个时候，贼鸥的生活更加困难，没有巢穴，没有食物，也不远飞，就懒洋洋地待在考察站附近，靠吃站上的垃圾为生，不知不觉中就担当了义务清洁工的工作！可以说，这也是一种"互惠互利"！

滑翔冠军——信天翁

动物名片

姓名： 信天翁（Albatross）

分类： 鸟纲 鹱形目 信天翁科

分布： 主要分布在南半球海域

特点： 善于飞行

主食： 乌贼、鱼、甲壳类

信天翁是一类大型海鸟，有4个属21种，也被称为海鸳，栖息于海洋，尤善飞行，有"滑翔冠军"之称。

信天翁体长68～135厘米，双翼展开178～350厘米。白色，翼尖深色；多以土筑巢，并衬有羽毛和草，也有种类不筑巢。一窝单卵，白色。

强悍的飞行本领

信天翁以超强的滑翔能力而著称于世，被称为"滑翔冠军"。它们的翅膀狭长，长度惊人，便于在气流中逆风飘举和顺风滑翔。信天翁在滑翔的时候，还会巧妙地利用气流的变化：如果上升气流较弱，它们会俯冲向下，加快飞行的速度；如果飞行高度下降，它们又会迎风爬升。近海的低空气流由于受到海岸的阻隔，通常比高空的气流缓慢，信天翁会在两层气流间做螺旋形的飘举和滑翔，可以几个小时不用扇动翅膀。更令人惊奇的是，信天翁居然能一边飞翔一边睡觉，左、右脑还能交替休息。

保护状况

阿岛信天翁和新西兰信天翁目前被列为"极危"；短尾信天翁因人类征集它们的羽毛而几近灭绝，现已被列入《濒危野生动植物物种国际贸易公约》濒危物种；黑背信天翁由于居住的岛屿成为美国的空军基地，只能在军事基地和机场跑道周围营巢。

飞行海盗——军舰鸟

动物名片

姓名：军舰鸟（Frigate Bird）

分类：鸟纲 鹈形目 军舰鸟科

分布：全球的热带和亚热带海滨和岛屿

特点：雄鸟有红色喉囊

主食：鱼、软体动物和水母

　　军舰鸟是一种大型海洋性鸟，全世界有5种，即白腹军舰鸟、大军舰鸟、白斑军舰鸟、丽色军舰鸟和小军舰鸟。其中白腹军舰鸟数量稀少，是中国的一级保护动物。军舰鸟的外貌奇特，翅膀细长，展开后可达2.3米，雄鸟全身黑色，闪烁着绿紫色的金属光泽，喉囊红色。雌鸟胸和腹部为白色，嘴玫瑰色，羽毛缺少光泽，体型大于雄鸟。军舰鸟胸肌发达，善于飞翔，是世界上飞行最快的鸟。

独特的红色"气球"

在繁殖季节，雄性军舰鸟皱缩的喉囊会膨胀得很大，颜色也变得更加鲜红耀眼，就像一个巨大的红色气球，使本就漂亮的雄鸟更加夺目！事实也证明，喉囊越大越红的雄军舰鸟越易得到雌鸟的青睐。

劫财不害命的"海盗"

军舰鸟翅膀很大，极善飞翔，但身体较小，腿又短又细，羽毛上没有保护的油脂，不能潜入水中捕鱼，所以它们只能少量捕食一些靠近水面的鱼、水母等；它们还时常在空中飞翔，看到其他种类的鸟捕鱼归来，就凭借高超的飞翔技术突然袭击，迫使这些鸟放弃口中的鱼虾，然后急速俯冲，将下坠的鱼虾据为己有。由于军舰鸟的这种"抢劫"行为，人们贬称它为"强盗鸟"。

军舰鸟名字的由来

军舰鸟名字的由来与它们的捕食习性相关。因为军舰鸟的掠夺习性，早期的博物学家给它起名为"frigate—bird"。"frigate"是中世纪时海盗们使用的一种架有大炮的帆船，但在现代英语中却是护卫船的意思。后来，人们干脆简称它们为"man-of-war"，意思是"军舰"。

↑繁殖季节的雄鸟

↑休憩的军舰鸟

海洋虾蟹

Marine Shrimps and Crabs

"秋风响,蟹脚痒",自古以来虾蟹就是人们盘中的珍馐美味。其实,海洋虾蟹除了味道鲜美外更有许多为人类所不知的"秘密"……

海洋虾蟹属于甲壳纲的十足目，共有9 000余种。海洋虾蟹因有5对步足，故被称为十足目；身体分头胸部和腹部；头胸部具发达的头胸甲。虾类的腹部发达，蟹类腹部退化而折于头胸甲下面。它们用鳃呼吸，卵生。

虾蟹类动物与人类有着十分密切的关系，有些是水产养殖或捕捞对象，如对虾、毛虾、梭子蟹等，营养丰富，产值很高，在中国海洋渔业捕获物中产量相当大。中国沿海的虾蟹种类非常多，目前已发现的有1 000多种，其中虾类400多种，蟹类600多种。对虾是海产虾类中产量大、经济价值高的类群，特别是浅海产的对虾属、新对虾属等大中型种。此外，更小的毛虾属在较温暖的近岸海域产量特大。近年来，海产虾如对虾属的中国对虾、日本对虾、褐对虾、斑节对虾等已经大量进行商业养殖，产量正在迅速增加。

并非成双成对的虾——对虾

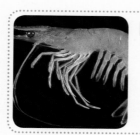

动物名片

姓名：对虾（Prawn）

分类：甲壳纲 十足目 对虾科 对虾属

分布：全球温带沿海地区

特点：味道鲜美、洄游

↑南美白对虾

↑日本对虾

我们通常所说的对虾是中国对虾，也称中国明对虾。它是中国的特产，主要分布于黄渤海。中国对虾体形侧扁，通常雌虾个体大于雄虾，甲壳光滑透明，雌体青蓝色，雄体呈棕黄色。对虾全身由20节组成，除尾节外，各节均有附肢一对；头胸甲前缘中央突出形成额角，额角上、下缘均有锯齿。

此外，常见的还有南美白对虾（也称凡纳宾对虾）和日本对虾。

南美白对虾原产自南美洲东部沿海，是一种优良的养殖品种，20世纪90年代引进中国人工养殖，目前是中国人工养殖最多的对虾品种之一。

日本对虾生活在太平洋东岸，是一种重要的经济虾类。日本对虾有蓝黑色环纹，体色鲜艳，在中国已经成功地大规模养殖，成为人们餐桌上的常客。

中国对虾属广温、广盐性、一年生暖水性大型洄游虾类，平时在海底爬行，有时也在水中游动。渤海湾对虾每年秋末冬初，便开始越冬洄游，到黄海东南部深海区越冬；第二年春天北上产卵洄游。4月下旬开始产卵，幼虾于6～7月份在河口附近摄食成长。9月份开始向渤海中部及黄海北部洄游，形成秋收渔汛。

↑ 中国对虾

中国对虾名字的由来

"对虾"并不是因为它们常常一雌一雄成对在一起而得名，而是因为过去在中国北方市场上常以"一对"为单位来计算售价。关于对虾名字的由来，还有一段传说。

相传在慈禧太后垂帘听政的时候，为全面控制皇权，下旨让光绪帝在皇宫内的超龄宫女中选妃，便于安插亲信。而光绪皇帝却提前下旨让那些超龄宫女一律出宫还家。慈禧身边有四个超龄贴身侍女，但慈禧被侍候惯了，不肯放她们出宫。侍女中有个叫翠姑的，偷偷求助于她在御膳房做御厨的远房叔叔。

这御厨费尽心思琢磨出一款菜肴，大虾头尾相接，呈微红色，匹配得色调和谐，娇美动人，取名叫"红娘自配"。当慈禧太后问到菜名时，他便答道："此菜用虾要成双成对，所以取名'红娘自配'"。又一天，慈禧太后心情不错，便让人做了"红娘自配"这道菜，问了侍女几句话，便放她们出宫了。

这件事传到宫外，街上的商贩们就把大虾一对一对地卖，给其取名为"对虾"。为宫女们解脱樊笼的宫廷菜肴"红娘自配"，作为一个民间故事和一道宫廷菜肴也在民间慢慢地流行开来。

好战的虾王——龙虾

动物名片

姓名： 龙虾（Lobster）

分类： 甲壳纲 十足目 龙虾科

分布： 全球各大洲温暖海洋的近岸海底或岸边

特点： 好斗

　　龙虾，也称作大虾、龙头虾、虾王等，主要分布于温暖海域，是一种名贵海产品。

　　龙虾体长一般在20～40厘米之间，是虾类中最大的一类，最重的能达到5千克以上；体呈粗圆筒状，头胸部较粗大，外壳坚硬，色彩斑斓；腹部短而粗，后部向腹面卷曲，尾扇宽短呈鳍状用于游动，尾部和腹部的弯曲活动可使身体前进；胸部具五对足，其中一对或多对常变形为不对称的螯；眼位于可活动的眼柄上，有两对长触角。

龙虾的成长需要换壳。新换的虾壳又薄又软，称为软壳，软壳要经过几天才能够硬化。这种换壳行为伴随着龙虾的一生。在龙虾出生的头一年它们将经历10次换壳，以后大约每年一次直到其成熟。成熟的龙虾大约三年换壳一次。

好斗本性

龙虾生性好斗，在饲料不足或争夺栖息洞穴时，往往会出现恃强凌弱的现象。龙虾幼体的再生能力较强，即使在争斗中身体出现损失，也会在下一次换壳时再生，几次换壳后就会恢复，只不过新生的部分比较短小，看起来有点不协调。这种自切与再生行为是一种保护性的适应。

龙虾的奇处

龙虾的奇特之处很多，比如它在战斗中可以丢下部分肢体迷惑捕食者，自己却快速逃跑；龙虾的颜色也是多种多样，从蓝绿色到锈棕色各不相同，甚至还有白色的龙虾；最奇特的是龙虾有牙齿，而且它的牙齿是长在胃里的。

海洋生物

美味的皮皮虾——口虾蛄

动物名片

姓名：口虾蛄（Edible Mantis Shrimp）

分类：甲壳纲　口足目　虾蛄科

分布：沿海近岸浅水泥沙或礁石裂缝内

特点：味道鲜美、营养丰富

生活在海边的人对这种动物肯定非常熟悉：口虾蛄，俗称皮皮虾、爬虾、虾耙子等。

口虾蛄身体分节，头胸甲前缘中央有1片能活动的梯形额角板，其前方是具柄的眼和触角节；胸部具8对附肢，前5对是颚足，后3对是步足，其中第二颚足特别强大，是捕食和御敌利器，称为掠肢；腹部宽大，共6节，前5腹节各有1对腹肢，具鳃，有游动和呼吸的功能，最后是宽而短的尾节；尾肢与尾节构成尾扇，除游动外，还可以掘穴和御敌。

辨雌雄

口虾蛄雌雄异体，雄者胸部末节生有交接器，这就是分辨雌、雄虾蛄的主要依据。

拳击冠军——螳螂虾

动物名片

姓名：螳螂虾（Mantis Shrimp）

分类：甲壳纲　口足目　虾蛄科

分布：多数分布于西太平洋温暖海域的珊瑚岛边缘

特点：速度快、眼神好

螳螂虾是我们常见的口虾蛄的表亲，它们构造基本相同，但和口虾蛄相比，螳螂虾的体色更加艳丽多彩、性情更加凶猛。

眼神最好的动物

螳螂虾可以看见12种"原色"，是人类识别原色能力的4倍。同时，螳螂虾还能分辨出光波的复杂变化。据悉，螳螂虾是利用体内一种高度敏感的细胞来辨别进入眼睛的光线的，整个可见光谱，从接近紫外线到红外线的光线螳螂虾都能予以有效识别。

→螳螂虾的眼神

强悍的螳螂虾

在水深30米的珊瑚丛中，一只螳螂虾蛰伏在洞穴里面。珊瑚蟹毫无顾忌地游动到螳螂虾的巢穴旁，浑然不觉危险就在眼前。看到猎物出现，螳螂虾悄悄举起一对巨大的桨状肢，然后闪电般地扑向这只螃蟹。随着一个快得难以察觉的击打动作和"砰、砰"两声巨响，珊瑚蟹厚厚的甲壳上已开了两个大洞。

加州大学伯克利分校的三位动物学家，利用高速摄像系统研究了螳螂虾的攻击速度，发现其攻击时的最高速度超过80千米/小时，最高攻击加速度可达到地心引力的10 400倍！如此强大的攻击力量，别说捕食螃蟹，甚至能击碎玻璃。

Link

螳螂虾与DVD构想

目前DVD设备只能使用一种颜色的光束来工作。据悉螳螂虾将对人类开发新一代高清晰DVD存储技术产生巨大推进作用；若能够成功，必将直接促进信息存储技术的巨大进步。

横行将军——三疣梭子蟹

动物名片

姓名： 三疣梭子蟹（Swimming Crab）

分类： 甲壳纲 十足目 梭子蟹科

分布： 日本、朝鲜半岛、马来群岛、红海以及中国沿海

特点： 味道鲜美、营养丰富

　　三疣梭子蟹的体色随周围环境而变化，生活于砂底的个体呈浅灰绿色，生活在海草间的体色较深；头胸甲呈梭形，稍隆起；表面有三个显著的疣状隆起，因而得名"三疣梭子蟹"；前鳃区具一圆形白斑，螯足背部和步足呈鲜蓝色并布有白色斑点；步足和螯足的指节则为红色；腹部扁平，雄蟹呈三角形，雌蟹呈圆形，均为灰白色；杂食性动物，昼伏夜出，具有明显的趋光性，鱼、虾、贝、藻均可为食，也捕食同类，喜食动物尸体。

　　三疣梭子蟹是一种雌雄异体的动物；繁殖季节在黄、渤海自4～5月到初冬，在福建沿海自3～4月份至12月。每年4～5月份，雌蟹进行洄游，聚集于近岸浅海港湾或河口附近产卵；刚产出的卵为黄色，约两周后变为黑褐色。幼体孵化后，经过20多次换壳才能长成正常的个体，长大的三疣梭子蟹能再返回深海。

海洋贝类

Marine Shellfishes

　　美丽古老的鹦鹉螺、营养珍贵的鲍鱼，变色迅速的章鱼、喷吐墨汁的乌贼……海洋贝类身体柔软，不具备攻击力，可以说是海洋中的弱势群体，经常被海獭等哺乳动物当做美味的点心。但它们自卫却各有高招。

海洋贝类外壳的颜色多种多样，如深紫色、红色、白色等等；外壳的外表面粗糙，具有多条放射状的嵴，还有同心环状的生长线。一块或者两块强大的闭壳肌可以将双壳紧闭，以抵御敌人的进攻；用鳃呼吸，通常有导管将海水引入体内进行呼吸和滤食。

海洋贝类全部生活在水中，主要以底栖爬行或固着生活，以海藻或浮游生物为食；一般运动缓慢，有的潜居泥沙中，有的固着生活，也有的凿石或凿木在里面居住，极少数为寄生生活。

海洋贝类大部分可以食用，比如，扇贝的闭壳肌晒干后即为干贝，是餐桌上的美味。还有的贝类能够孕育珍珠，如珍珠贝。很多贝类的壳可以入药，还能够作为工业原料。它们全身都是宝，在海洋捕捞和水产养殖中扮演着非常重要的角色。

鹦鹉螺

亘古之美——鹦鹉螺

动物名片

姓名：鹦鹉螺（Nautilus）

分类：软体动物门 头足纲 鹦鹉螺目 鹦鹉螺科

分布：印度洋和太平洋

特点：古老、神奇

鹦鹉螺，一个特别的名字，一种神奇的生物，早在4.5亿年前就广泛生活于地球。自诞生以来，虽然经过数亿年的演变，但外形和习性变化很小。鹦鹉螺现存数量不多，有"活化石"之称，是国家一级保护动物。

鹦鹉螺的外表非常美丽，壳左右对称，呈螺旋形盘卷，外表光滑呈白色或乳白色，从壳的脐部辐射出红褐色的火焰状斑纹，看起来很像鹦鹉的头部；壳的内腔由隔层分为30多个壳室，最外边的一间用于存放鹦鹉螺的身体；动物体不断成长，房室也周期性向外侧扩展，在外套膜后方分泌碳酸钙与有机物质，建构起一个崭新的隔板；在隔板中间，贯穿并连通一个细管，以输送气体进到各房室之中。房室内充入气体则鹦鹉螺的密度下降，向水面浮起，当小房室内充入海水时，则密度升高，鹦鹉螺便会像石头一样沉到海底。鹦鹉螺有90只腕手，叶状或丝状，用于捕食及爬行；在所有触手的下方，有一个类似鼓风夹子的漏斗状结构，通过肌肉收缩向外排水，以推动鹦鹉螺的身体向后移动。

神秘的启示

1996年，美国的两位地理学家提出，月亮在离我们远去，它将越来越暗。带给他们这种启示的便是鹦鹉螺。

他们发现，现存的鹦鹉螺壳上的波状螺纹具有和树木一样的性能。螺纹分许多隔，每隔上的细小波状生长线为30条左右，与现在一个朔望月的天数完全相同，而古

鹦鹉螺的每隔生长线数随着化石年代的上溯而逐渐减少，而相同地质年代的却是固定不变的。

　　研究显示，新生代渐新世的螺壳上，生长线是26条；中生代白垩纪是22条；中生代侏罗纪是18条；古生代石炭纪是15条；古生代奥陶纪是9条。由此推断，在距今4.2亿多年前的古生代奥陶纪时，月亮绕地球一周只有9天。地理学家又根据万有引力定律等物理原理，计算了那时月亮和地球之间的距离，得到的结果是，4亿多年前月亮与地球的距离仅为现在的43%。科学家对近3 000年来有记录的月食现象进行了计算分析，结果与上述推理完全吻合，证明月亮正在离地球远去。鹦鹉螺对揭示大自然演变的奥秘真是功不可没。

亘古之美，能否永恒

　　鹦鹉螺的壳十分美丽，因此，贩卖鹦鹉螺壳工艺品的现象在中国沿海一些城市都出现过。国家已经采取众多措施，但非法经营鹦鹉螺的行为却屡禁不止。神奇的鹦鹉螺，它们那来自远古的美丽，一定要持续下去！

"鹦鹉螺"号

　　鹦鹉螺号是凡尔纳经典科幻小说《海底两万里》中描写的当时世界上独一无二的潜水艇。1954年，美国建造的第一艘核动力潜水艇"鹦鹉螺"号下水，艇长90米，总重2 800吨，平均航速20节，最大航速25节，最大潜深150米。

海洋生物

海味之冠——鲍鱼

动物名片

姓名： 鲍鱼（Abalone）

分类： 软体动物门 腹足纲 鲍科

分布： 太平洋、大西洋和印度洋

特点： 味道鲜美、营养丰富

几头鲍

古代所谓的"一头鲍"和"两头鲍"是指1个鲍鱼1市斤（0.5千克）、2个鲍鱼1市斤。鲍鱼"头数"越多，表示鲍鱼个头越小，也就越便宜。

鲍鱼，同鱼没有任何关系。因为其形状有些像人的耳朵，所以英文也叫它"sea ear"。

鲍鱼主要由背部坚硬的外壳和壳内柔软的内脏与肉足组成；壳的外表面粗糙，有黑褐色斑块，内面呈现青、绿、红、蓝等颜色，有珍珠般的光泽；外壳的边缘有孔，海水从这里流进和排出，给鲍鱼带来食物，排出废物，生殖季节生殖细胞也是通过流出的海水排到体外，在海水中受精；软体部分有一个宽大扁平的肉足。鲍鱼肉足的吸着力相当惊人，一个壳长15厘米的鲍鱼，其足的吸着力高达200千克，任凭狂风巨浪袭击，都不能把它掀起。捕捉鲍鱼时，只能乘其不备，以迅雷不及掩耳之势用铲铲下或将其掀翻；否则，即使砸碎它的壳也休想把它从附着物上取下来。

欧洲人生吃鲍鱼，并把鲍鱼誉作"餐桌上的软黄金"。中国清朝时期，宫廷中就有所谓"全鲍宴"。据资料介绍，当时沿海各地大官朝圣

Link

鲍鱼的药用价值

中医认为鲍鱼是一种补而不燥的海产品，具有滋阴补养功效，吃后没有牙痛、流鼻血等副作用，多吃也无妨。鲍鱼的肉中还含有一种被称为"鲍素"的成分，能够破坏癌细胞必需的代谢物质。鲍鱼有平肝潜阳、解热明目、止渴通淋之功效，主治肝热上逆、头晕目眩、骨蒸劳热、青肓内障、高血压眼底出血等症。鲍壳是著名的中药材——石决明，古书上又叫它"千里光"，有明目的功效，并因此而得名。

时，大都进贡干鲍鱼，一品官吏进贡一头鲍，七品官吏进贡七头鲍，依次类推，鲍鱼与官吏品位的高低挂钩，可见鲍鱼有"海味之冠"的价值。

高智商的伪装高手——章鱼

动物名片

姓名：章鱼（Octopus）

分类：软体动物门 头足纲 八腕目 章鱼科

分布：全球热带及温带海域

特点：高智商、变色

章鱼身体一般很小，8条腕足又细又长，故又有"八爪鱼"之称。它的8条腕足上均有两排肉质吸盘，能有力地握持他物。

智力最高的无脊椎动物

科学家惊奇地发现，海洋生物中章鱼竟能以步行的方式在海中移动。多年从事章鱼研究的专家吉姆·科斯格罗夫指出，章鱼具有"概念思维"，能够独自解决复杂的问题。

吉姆·科斯格罗夫在法国《费加罗杂志》上撰文称，章鱼是地球上曾经出现的与人类差异最大的生物之一。章鱼有很发达的眼睛，这是它们与人类唯一的相似之处。它们在其他方面与人很不相同：章鱼有三个心脏，两个记忆系统（一个是大脑记忆系统，另一个记忆系统则直接与吸盘相连）；章鱼大脑中有5亿个神经元，身上还有一些非常敏感的感受器。这种独特的神经构造使其具有超过一般动物的思维能力。

惊人的变色能力

章鱼可以随时快速地变换自己皮肤的颜色，使之和周围的环境协调一致；即使受伤，它们仍然有变色能力。

"章鱼帝"保罗

在2008欧洲杯和2010世界杯两届大赛中，章鱼保罗预测比赛结果14次，猜对13次，成功率高达92%，堪称不折不扣的"章鱼帝"。

2010年8月23日章鱼保罗再续世界杯之缘，成为英格兰2018年世界杯申办大使，英国虽未申办成功，"章鱼帝"却风头十足。

2010年当地时间10月25日晚间（北京时间10月26日上午）章鱼保罗在德国的奥博豪森水族馆去世，享年2岁半。

会喷墨的怪物——乌贼

动物名片

姓名：乌贼（Squid）

分类：软体动物门 头足纲 乌贼科

分布：全球各大洋

特点：放烟雾

　　乌贼，又称墨鱼、墨斗鱼或花枝，它们是头足类中最为杰出的放烟幕专家。乌贼体表有一层厚的石灰质内壳（俗称乌贼骨、墨鱼骨或海螵蛸）。全球约有100 种乌贼，体长2.5～90厘米。乌贼共有10条腕，其中8条是短腕，2条长触腕以供捕食用，并能缩回到两个囊内；腕及触腕顶端有吸盘。墨囊里的墨汁可加工为工业所用，墨囊则是一种药材。

海中火箭

　　乌贼的游动方式很有特色，素有"海中火箭"之称。它们在逃跑或追捕食物时，最快速度可达15米/秒，连奥林匹克运动会上的百米短跑冠军也望尘莫及。它们靠什么动力获得如此惊人的速度呢？原来，在乌贼的尾部长着一个环形孔，乌贼便是

靠肚皮上的这些漏斗管喷水的反作用力飞速前进的，这股喷射流足以使乌贼在空中飞行约50米。

杰出的放烟幕专家

乌贼不仅像鱼一样能在海洋中快速游动，还有一套施放烟幕的绝技。乌贼体内有一个墨囊，囊内储藏着分泌的墨汁。平时，它们遨游在大海里专门吃小鱼、小虾，但是一旦有凶猛的敌害向它扑来时，它们就紧收墨囊，射出墨汁，使海水变得一片漆黑，并趁机逃之夭夭。另外，它们喷出的这种墨汁还含有毒素，可以用来麻痹敌害。但是，乌贼墨囊里积贮一囊墨汁需要相当长的时间，所以乌贼不到十分危急之时是不会轻易施放烟幕的。

"神秘海怪"——大王乌贼

由于生活在太平洋幽深的海底，人们对神秘的"大王乌贼"了解得并不多。在水手们之间流行的一个传说让这种神秘的动物更增添了恐怖——它们巨大的触须能够从海床直接伸到海平面，它们强有力的吸盘可以撕裂船身！

据悉，在太平洋的深海水域最大的"大王乌贼"，体长可达20米左右，重2~3吨，是世界上最大的无脊椎动物。它性情极为凶猛，以鱼类和无脊椎动物为食，并能与抹香鲸搏斗。

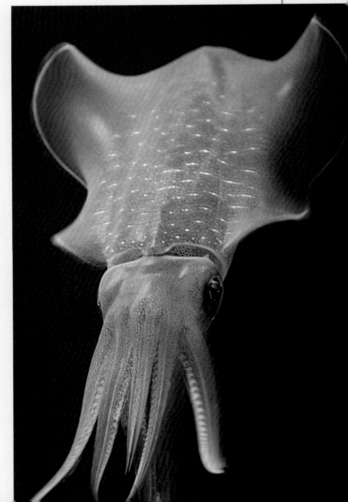

海中牛奶——牡蛎

动物名片

姓名：牡蛎（Oyster）

分类：软体动物门 双壳纲 牡蛎科

分布：温带和热带各大洋沿岸水域

特点：营养美味，美容

牡蛎，俗称蚝，别名蛎黄、海蛎子。牡蛎属贝类，世界上总计有100多种，中国沿海有20多种，现在人工养殖的主要有近江牡蛎、长牡蛎、褶牡蛎和太平洋牡蛎等。牡蛎的两壳较大，形状不同，表面粗糙，暗灰色，边缘较光滑；上壳中部隆起，下壳附着于其他物体上；两壳的内面均白色光滑。

海底牛奶

牡蛎肉素有"海底牛奶"之美称。据分析，干牡蛎肉含蛋白质高达45%～57%、脂肪7%～11%、肝糖19%～38%；此外，还含有多种维生素及牛磺酸和钙、磷、铁、锌等营养成分。

牡蛎肉兼有细肌肤、美容颜及降血压和滋阴养血、健身壮体等多种作用，因此在诸多的海洋珍品中，许多人唯独钟情于牡蛎。西方称牡蛎为"神赐魔食"，法国大餐中的第一道菜大多是"生蚝"，日本人则称其为"根之源"。

生吃牡蛎有危险

牡蛎味道鲜美，从经典文章《我的叔叔于勒》中的描述就可见一斑：

　　"有两个男士正邀请两个时髦的女士吃牡蛎。一个衣裳褴褛的老水手，用小刀一下撬开了它的壳子交给男乘客们，他们接着又交给那两位女士。她们用一种优雅的姿态吃起来，一面用一块精美的手帕托起牡蛎，一面又向前伸着嘴巴免得在裙袍上留下痕迹。随后她们用一个迅速的小动作喝了牡蛎的汁子，就把壳子扔到了海面去。"

　　生吃牡蛎是天上有、地下无的绝世美味。不过，美国食品和药品管理局却在其官方网站发布警示，提醒人们不要生吃牡蛎。因为这种海产品也可能受到诺瓦克病毒的感染，会引起肠胃不适。

海洋生物

美丽的公主贝——扇贝

动物名片

姓名：扇贝（Scallop）

分类：软体动物门 双壳纲 珍珠贝目 扇贝科

分布：全球各海域

扇贝和贻贝、珍珠贝一样，也是蛤类的一种，用足丝附着在浅海岩石或沙质海底生活，一般一壳在上、另一壳在下平铺于海底。扇贝平时不大活动，但当感到环境不适宜时，能够主动地把足丝脱落，做较小范围的游动。扇贝尤其是幼小的扇贝，用贝壳迅速开合排水，游动很快，这在双壳类中是比较特殊的。扇贝为滤食性动物，对食物的大小有选择能力，但对种类无选择能力；大小合适的食物随纤毛的摆动送入口中，不合适的颗粒由腹沟排出体外；主要食物为有机碎屑、悬浮在海水中的微型颗粒和浮游生物，如硅藻、双鞭毛藻、桡足类；还有藻类的孢子、细菌等。

扇贝的壳面一般为紫褐色、浅褐色、黄褐色、红褐色、杏黄色、灰白色等，肋纹整齐美观，是制作贝雕工艺品的良好材料。

其他海洋生物

Other Marine Life

　　海洋生态系统纷繁复杂，令人眼花缭乱的动物、植物、微生物从不同侧面彰显着海洋的浩瀚广博和变化莫测，更有"活化石"生物如鲎等依然留存地球远古的记忆……

其他海洋生物，涉及爬行动物、腔肠动物、棘皮动物、海洋植物和海洋细菌。

生活在海中的蛇，它们的毒素10分钟就可置人于死地；四肢像船桨的龟，它们在海中就像坦克一样，无论多么强大的猎手对它们都无从下口；水母是大海中漂浮的花朵，多彩的颜色、柔软的身躯、吹弹可破的皮肤令人流连忘返，但是它们的毒性却堪比眼镜蛇；海参能够把内脏吐出来吸引敌人注意力，自己却逃之夭夭，几个月后便会长出新的内脏器官；海带构成了大海中的森林；还有大海中体型最小、数量最多、生物量最为庞大的海洋微藻和海洋细菌，它们是其他所有海洋生物的食物源泉。

海中毒牙——海蛇

动物名片

姓名： 海蛇（Sea Snake）

分类： 爬行纲 海蛇科

分布： 大洋洲北部至南亚各半岛之间的水域

特点： 毒性大

　　提起蛇，大多数人会产生一种本能的恐惧，尤其是蛇分泌的毒素更是令人不寒而栗。在海中生活的海蛇与陆上的蛇一样能释放可怕的毒液且毒性更加可怕，被誉为"海中毒牙"。

　　在中生代晚期，两栖类动物中的一部分彻底告别水乡，在陆上定居了，从而进化为爬行动物——蛇；另一部分蛇则留在海中，演变成今天的海蛇。在蛇类演化的早期阶段，地球上曾出现过巨大的海蛇，但只存在了很短的时间就灭绝了，仅留下为数不多的化石。

　　海蛇一般长1.5～2米，躯干略呈圆筒形，体细长，后端及尾侧扁；体色各异。海蛇的鼻孔朝上，有可以启闭的瓣膜，吸入空气后，可关闭鼻孔潜入水下达10分钟之久；身体表面包裹有鳞片，皮很厚，可以防止海水渗入和体液的丧失。

↑化石

海蛇的毒性

海蛇分泌的毒液是最强的动物毒。如钩吻海蛇的毒液毒性相当于眼镜蛇的2倍，是氰化钠毒性的80倍。海蛇毒液对人体的主要损害部位是随意肌，不像眼镜蛇毒液作用于神经系统。海蛇咬人无疼痛感，被海蛇咬伤后30分钟甚至3小时内都没有明显中毒症状，容易使人麻痹大意。实际上，海蛇毒被人体吸收得非常快，中毒后最先感到的是肌肉无力、酸痛，眼睑下垂，颌部强直，有点像破伤风的症状，同时心脏和肾脏也会受到严重损伤。被海蛇咬伤的人，可能在几小时至几天内死亡。海蛇不像海鳗，它们不会主动攻击人类，只有受到骚扰时才会伤人。

壮观的长蛇阵

长蛇阵是海蛇在生殖期出现的大规模聚会现象，海蛇聚拢在一起形成的长蛇阵可绵延几十千米，有的港口有时会因海蛇群浮于水面而使整个港口沸腾起来。完全水栖的海蛇繁殖方式为胎生，而能上岸的海蛇依然保持卵生。

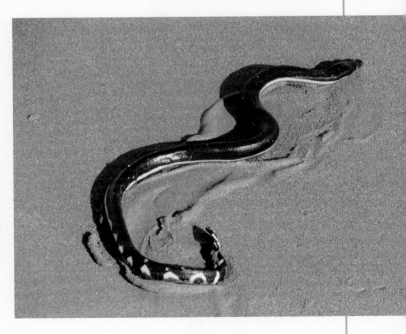

长寿之星——海龟

动物名片

姓名： 海龟（Sea Turtle）

分类： 爬行纲 龟鳖目

分布： 大西洋、太平洋、印度洋

特点： 长寿、通人性

主食： 鱼类、头足纲动物、甲壳动物以及海藻等

↑ 产卵的海龟

海龟是动物中的长寿之星，年龄可达几百岁，沿海的人将其作为长寿的象征，有"万年龟"之说。海龟在2亿多年前就出现在地球上了，是有名的"活化石"。所有的海龟都被列为濒危动物，中国也将生活在中国海域的海龟列入国家二级重点保护动物。

大海中生活着7种海龟：棱皮龟、蠵龟、玳瑁、橄榄绿鳞龟、绿海龟、丽龟和平背海龟。最大的海龟是棱皮龟，长达2米，重达1吨，而最小的是橄榄绿鳞龟，仅75厘米长，40千克重。海龟最独特的地方就是龟壳，它可以保护海龟不受侵犯，让海龟在海底自由游动。与陆龟不同的是，海龟不能将它们的头部和四肢缩回到壳里。海龟背甲呈倒三角形，前部较宽，越往身体后部越窄；前肢一般长于后肢，前肢弯曲像翅膀一样主要用来推动海龟向前，而后肢就像方向舵在游动时掌控方向。

海龟在吃食物的同时也吞下海水，摄取了大量的盐。在海龟泪腺旁的一些腺体会排出这些盐，造成海龟在岸上的"流泪"现象。

海龟的繁殖

每年的4～10月份为海龟的繁殖季节，它们常在礁盘附近的水面交配，交配时间需3～4小时。之后雌性在夜晚爬到岸边沙滩上，先用前肢挖一个大坑，趴在坑内，再用后肢挖一个直径大约20厘米、深约50厘米的产卵坑，在坑内产卵，每个海龟产100枚左右的卵。产完卵后用沙子把坑填满，然后回到海中。海龟卵白色，圆形，要比鸡蛋大一些，外壳不像鸡蛋那样是钙质硬壳，而是革质的软壳，非常坚韧。50～100天的孵化期结束以后，小海龟就会破壳而出，争先恐后地冲向大海。

小海龟的艰难回家路

小海龟孵出后，必须靠自己的力量回到大海中；虽然路程不长，但却十分艰难，各种专吃小海龟的海鸟也在虎视眈眈。生存压力教给小海龟躲避危险的办法。它们会先派出几只小海龟探路，若是顺利，便大批涌出，快速往海中爬去；即使如此，小海龟的成活率依然很低。人类的活动也给小海龟的回归造成了极大的阻碍。小海龟在晚上孵化后，会凭直觉向着光线最亮的地平线爬去，一般情况下星光和月光照映海面泛出的光亮就是它们的指路灯，但人造灯光却给小海龟造成了方向上误导，使它们远离了海洋，走向了未知之地。

似鱼非鱼的活化石——文昌鱼

动物名片

姓名： 文昌鱼（Lancelet）

分类： 头索纲 文昌鱼目 文昌鱼科

分布： 暖水性和暖温性的大洋中

特点： 活化石、钻沙

文昌鱼俗称扁担鱼或者鳄鱼虫，是一种珍贵的海洋动物。文昌鱼体长3~5厘米，两头尖尖，故又叫做"双尖鱼"。它们体形细长而扁平，活像一条小扁担；体半透明，有光泽，可看到一条条平行排列的肌肉。无鳞，无偶鳍，无脊椎骨；"心脏"只是一根能跳动的腹心管，无任何感觉器

官，消化器官没有分化。文昌鱼的繁殖季节为每年的6~8月，喜欢生长在温暖、水流缓和、水质沙质较好的海湾。文昌鱼味道鲜美，营养价值很高，蛋白质含量为70%，碘的含量也较高。

似鱼不是鱼

实际上文昌鱼并不是鱼。它形态结构极为特殊，5亿年前就已存在了，它们是由无脊椎动物向脊椎动物过渡生物的典型代表，因此受到国内外生物学界的高度重视。

惊人的钻沙本领

　　弱小的文昌鱼虽无自卫能力，但有惊人的钻沙本领。它们喜欢生活在夹有少量贝壳的粗沙中，便于钻洞和呼吸。平时它们总是把身体后端插入沙中，仅露出前端触须呼吸和觅食。它们白天躲在沙中，夜间出来活动觅食。

　　随着高密度海堤的兴建以及大面积的海涂围垦，文昌鱼赖以生存的砂质沉积环境遭到严重破坏。此外，海底大量取沙、近海污染和滥捕等因素破坏了文昌鱼的生存环境，使它们处于濒危状态，因此"活化石"文昌鱼的保护迫在眉睫！

↑文昌鱼钻沙

古老的蓝血一族——鲎

动物名片

姓名： 鲎（Horseshoe Crab）

分类： 节肢动物门 肢口纲 鲎科

分布： 20～60米水深的砂质底浅海区

特点： 古老、蓝血

　　有这样一种海洋生灵，每当春夏繁殖季节，雌体雄体一旦结为"夫妻"便形影不离，肥大的雌体常常驮着瘦小的雄体蹒跚而行，故此，它们又有"海底鸳鸯"的美称。它们就是古老的海洋活化石——鲎。

↑ 形影不离的雌、雄鲎

↑ 鲎的反面

海底"活化石"

鲎是与三叶虫一样古老的动物，祖先出现在地质历史时期古生代的泥盆纪，至今仍保留其原始而古老的相貌，有"活化石"之称。世界上仅有四种鲎，分别是美洲鲎、南方鲎、东方鲎（中国鲎）及圆尾鲎。

鲎长相奇特，形似蟹，身体呈青褐色或暗褐色，包被硬质甲壳；身体由头胸部、腹部和剑尾三部分组成。鲎有四只眼睛：头胸甲前端有两只0.5毫米的小眼睛，对紫外光最敏感，只用来感知亮度；头胸甲两侧是一对大复眼，有一种侧抑制现象，能使物体的图像更加清晰。这一原理被仿生学应用于电视和雷达系统中，提高了电视成像的清晰度和雷达的显示灵敏度。此外，科学家还模仿鲎的复眼结构，试制成一种太阳能收集器，能大幅度提高收集太阳能的效率。

蓝血的生物

大部分生物的血液都是红色，鲎的血液却是极为鲜见的蓝色，这是因为它的血液中存在含有铜离子的血蓝蛋白。在这种蓝色的血液中提取的"鲎试剂"，可以准确、快速地检测人体内部组织是否因细菌感染而致病；在制药和食品工业中，可用它对内毒素污染进行监测。科学家也使用鲎血研究治疗癌症。

彩色的星星——海星

动物名片

姓名： 海星（Sea Star）

分类： 棘皮动物门 海星纲

分布： 世界各地的浅海底沙地或礁石上

特点： 外表可爱、再生能力强

　　海星体扁呈星形，通常有5个腕，也有4个或者6个甚至多达40个腕的海星，在腕下侧长有密密的管足，嘴位于身体下侧中部，与管足在同一侧。海星的体型大小不一，小的仅2.5厘米，大的可达90厘米；体色也不尽相同，最多的颜色有橘黄色、红色、紫色、黄色和青色等。海星分布广泛，在海边经常可以见到。

极强的再生能力

海星具有很强的自然再生能力，这是棘皮动物的一大特点。海星的腕、体盘受损后，都能够自然再生。

令人生畏的进食方式

海星看起来很温和，似乎没有什么攻击力，但实际上却是一种贪婪的食肉动物，喜欢捕食贻贝、牡蛎等贝类。捕食时，海星会利用管足吸附并撬开贝壳，将贲门胃吐入贝壳中，分泌的消化液缓慢将其内部的软组织腐烂，然后收回贲门胃，并将部分已消化食物转移至幽门胃，最后进入肠道里。

"魔鬼海星"威胁珊瑚礁

棘冠海星又名"魔鬼海星"，多分布在红海、印度洋和太平洋海域，体表长满细长尖刺，有毒。棘冠海星以珊瑚虫为食，会造成珊瑚白化死亡。2010年7月，澎湖西吉岛海域爆发了"棘冠海星"潮，每1万平方米约有500只棘冠海星，对当地海域的珊瑚造成了灾难性的毁灭。

海中珍品——海参

动物名片

姓名： 海参（Sea Cucumber）

分类： 棘皮动物门 海参纲

分布： 全球各大洋

特点： 夏眠、营养价值高

海参呈圆筒状，全身长满肉刺，广泛分布于全球各海洋中。海参是一种古老而奇特的动物，具有很多神奇特性。

奇特的生活习性

海参深居简出，只在泥沙地带和海藻丛觅食。它们的食性也比较奇特，吃的是泥沙、海藻及微生物等。

陆地上的一些动物，如青蛙、蛇类等在冬季"冬眠"，而海参则在夏季"夏眠"。因为夏季是海参的繁殖季节，海参繁殖后体质虚弱，需要夏眠静养。在夏眠期间，海参不吃不动，紧紧挨着海底岩石而眠，休养生息。

↑粉色海参

如此御敌

　　海参的再生能力很强，在遇到天敌时，会把自己的内脏通过肛门全部排出丢掉，以此迷惑敌人，自己却乘机逃之夭夭。不要担心海参会死掉，它可以活得好好的。几个月之后，体内又能长出完整无缺的新内脏来。

小身材大营养

　　海参营养价值很高，每百克海参中含有蛋白质15克，脂肪1克，碳水化合物0.4克，钙357毫克，磷12毫克，铁2.4毫克，以及维生素B_1、B_2，尼克酸等50多种对人体生理活动有益的营养成分，还包括18种氨基酸、牛磺酸、硫酸软骨素、刺参黏多糖多种成分，可促进机体细胞的再生和受损机体的修复，还可以提高人体的免疫力，延年益寿。

海中刺猬——海胆

动物名片

姓名： 海胆（Sea Urchin）

分类： 棘皮动物门 海胆纲

分布： 全球各大洋，以印度洋和西太平洋海域的种类最多

特点： 浑身是"刺"

　　海胆有一层精致的硬壳，壳上布满了许多刺样的棘，整个海胆就像一只刺猬。棘可以活动，它的功能是保持壳的清洁、运动及挖掘沙泥等。除了棘，一些管足也从壳上的孔内伸出来，用于摄取食物、感觉外界情况等。不同种类的海胆大小差别悬殊，小的仅5毫米，大的则达30厘米。海胆的形状有球形、心形和饼形。海胆分雌、雄，但外形上很难看出来。

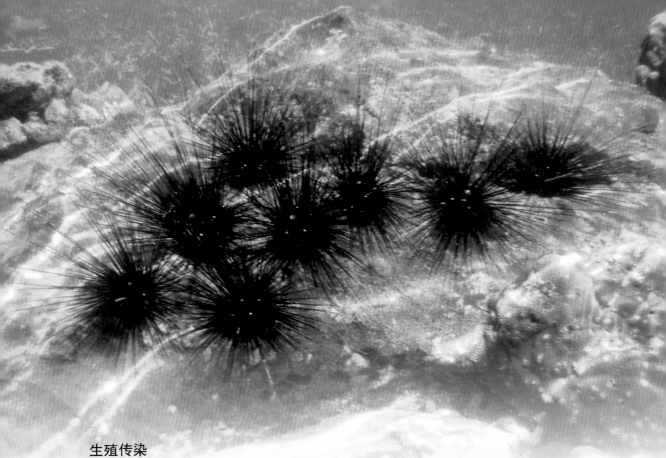

生殖传染

海胆是雌雄异体，群居性动物，在繁殖上，有一种奇特的现象，就是在一个局部海区内，一旦有一只海胆把生殖细胞，无论精子或卵子排到水里，信息就会像广播一样传给附近的每一个海胆，刺激这一区域所有性成熟的海胆都排精或排卵。这种怪异的现象被形容为"生殖传染"。

海胆小知识

海胆可食用、药用。但是不少种类的海胆是有毒的。例如，生长在南海珊瑚礁间的环刺海胆，它的粗刺上有黑白条纹，细刺为黄色，在细刺的尖端生长着一个倒钩。它一旦刺进人的皮肤，毒汁就会注入人体，细刺也就断在皮肉中，使皮肤局部红肿疼痛，有的人甚至出现心跳加快、全身痉挛等中毒症状。

海洋童话世界——珊瑚

动物名片

姓名： 珊瑚（Coral）

分类： 腔肠动物门 珊瑚虫纲

分布： 热带海域

特点： 死后石化

  还记得儿时看过的动画片里美丽的小鱼是如何在珊瑚间穿梭嬉戏吗？在这美丽的海底童话世界中，珊瑚就是它们最华丽的宫殿。

  珊瑚虫是一种腔肠动物，身体呈圆筒状，有8个或8个以上的触手，触手中央有口。珊瑚多群居，死后结合成一个群体，形状像树枝，也就是我们所说的珊瑚。无数珊瑚虫尸体腐烂以后，剩下群体的"骨骼"，珊瑚虫的子孙就一代代地在它们祖先的"骨骼"上面繁殖，形成了各种各样的珊瑚。

大堡礁

不同的海域，珊瑚的种类、数量都有明显的差别。不同的珊瑚在颜色、形状等方面也各有不同，可谓千姿百态、色彩缤纷。

珊瑚礁——瑰丽的童话世界

珊瑚中有一种特殊的造礁珊瑚，生活在热带和亚热带浅海中，大量的造礁珊瑚经年累月的积累，逐渐形成了珊瑚礁和珊瑚岛。中国南海的东沙群岛和西沙群岛，印度洋的马尔代夫岛，南太平洋的斐济岛以及闻名世界的大堡礁，都是由小小的珊瑚虫建造的。

　　大堡礁是世界上最大的珊瑚礁群，纵向断续绵延于澳大利亚东北岸外的大陆架上。在大堡礁，有350多种珊瑚，形状、大小、颜色都极不相同。珊瑚千姿百态，有扇形、半球形、鞭形、鹿角形、树枝和花朵形的。珊瑚栖息的水域颜色从白、青到蓝靛，珊瑚有淡粉红色、深玫瑰红色、鲜黄色、蓝绿色，异常鲜艳。各式各样的鱼、软体动物、海龟等海洋生物穿梭其中，热闹非凡，宛如童话世界。

珊瑚死亡——海洋童话世界的危机

　　珊瑚礁生态系统在自然界中占有很重要的地位，但是，现在珊瑚礁正面临着重大的危机。海水养殖、过度捕捞、气温变暖、污染等原因，导致全球珊瑚的大量死亡。

　　珊瑚大量死亡带来的海洋生态灾难是可怕的。珊瑚礁生态系统是海岸的生态保护屏障，它可以消解海浪的冲击，保护海岸带不被海水侵蚀；它还能维护海洋生物多样性，为渔业生产提供资源。如果不采取保护措施，更多的大型珊瑚将会灭绝。

绚丽的海洋之花——海葵

动物名片

姓名： 海葵（Sea Anemone）

分类： 腔肠动物门 珊瑚虫纲

分布： 全球各大洋

特点： 绚丽如花

如果说海底也有美丽的花朵，那么这些花就一定是海葵，它那绚丽多姿的色彩，变化多端的形态，比陆地上的名贵花卉都毫不逊色，而且多了一种动态美。海葵虽然形似植物，但它其实是一种低等动物。

海葵身体没有骨骼支撑，构造简单，呈辐射对称，形似花朵；中央为口，周围有触手，数量十几个至上千个不等，一般按6的倍数排成多环。触手上布满刺细胞，用来御敌和捕食。大多数海葵的基盘用于固着，有时也能做缓慢移动。海葵是捕食性动物，食物包括软体动物、甲壳动物和其他无脊椎动物甚至鱼等。

绚丽多彩的海洋之花

海葵共有1 000多种，栖息于世界各大海洋，形态各异，绿的、红的、白的、橘黄的，有些还具有斑点、条纹等等，绚丽无比。色彩除了海葵本身的色素，还来自其共生藻。这些共生藻不仅使海葵大为增色，而且为海葵提供营养。

与海葵共生的小丑鱼

奇特的共生

海葵绚丽的外表极具迷惑性，许多缺乏经验的小鱼、小虾常因好奇而接近，却常常被海葵快速收缩的触手所擒获，然后被触手里的刺细胞毒杀而死，成了海葵的盘中之物。但是，海葵会允许一种叫做双锯鱼的小鱼自由出入并栖身其触手之间。双锯鱼，也称小丑鱼，缺少有力的御敌本领。它们以海葵为基地，接受海葵的保护，同时也为海葵引来猎物，互惠互利，各得其所，这种关系称为共生。

除双锯鱼外，与海葵共生的还有小虾、寄居蟹等其他动物。据科学家实验，把海葵的共生者全部取走，海葵的活动就大大降低甚至停止，不久，蝴蝶鱼就会纷纷游来把海葵吞食干净。

"搭便车"的海葵

一般情况下，海葵会固定在某个地方生活，有时会进行缓慢的移动。但是有一些海葵，它们把自己固定在寄居蟹上，搭着便车到处"旅游"。

以鲸鱼为食的海葵

一些深海探测研究人员对美国加州蒙特里杰克海湾深达3 000米的海域进行科学考察，在一具已经腐烂的鲸尸上面发现一种白色的海葵，经科学家研究命名为皮尔斯海葵。皮尔斯海葵主要以鲸尸腐肉和鲸骨的分解物为食。研究这种海葵对揭示深海生态系统的物质循环有着重要的意义。

海中魅影——水母

动物名片

姓名：水母（Jellyfish）

分类：腔肠动物门 水母纲

分布：全球各大洋

特点：晶莹剔透

　　在蔚蓝色的海洋中，晶莹透明的水母如降落伞般漂浮在大海里，美丽多姿，令人惊叹，但颜色鲜艳美丽的生物大多会有毒性，水母亦如此。

　　水母外形简洁，像一把透明伞，有些带有各色花纹，伞状体直径有大有小，普通的为20～30厘米，大水母的伞状体可达2米；伞状体边缘长有触手，有的可长达20～30米，上面布满刺细胞用来捕捉及麻痹猎物。

　　水母分为钵水母亚纲、十字水母亚纲、立方水母亚纲三个亚纲，现有200多种。

↑怪异的游动式

↑澳大利亚紫水母

　　水母收缩外壳挤压内腔，喷出腔内的水，水流喷出产生的推力使水母沿身体轴方向运动。借助触手，水母能有效地改变运动方向。一些水母的体内有一种可发出一氧化碳的腺体，使钟状身体膨胀；遇到敌害或大风暴的时候，就会自动将气放掉，沉入海底。

↑ 巨型水母

巨型水母"入侵"日本

从2008年夏天起，日本海域充斥着一种巨大的水母，它们直径达到2米，重达220千克。这种巨大的水母，名叫"越前水母"。它们经常撕破渔网或压死网中的鱼，还有数例关于人被水母刺伤的报道。

北冰洋深处发现多种奇异水母

2009年，美国国家海洋与大气管理局对北冰洋加拿大盆地展开为期两个月的科学考察，利用遥控潜水器对大海深处进行探测，发现了很多不同寻常的奇异水母。它们在黑暗海洋深处游荡，如同魅影一般。

地球的肺——红树林

植物名片

姓名： 红树林（Mangrove）

分布： 热带、亚热带海滩

红树林是一种很特殊的生物群落，对自然环境有重要的调节作用。红树林中的树木不是单一的，往往由几种组成，如红树科、海桑科、马鞭草科等，其共同特点是具有一定的耐盐能力。

不怕海水淹的植物

红树生长在海水中不怕涝，叶片上的排盐腺可排除海水中的盐分。同时它们革质的叶子能反光、叶面的气孔下陷有绒毛，在高温下能减少蒸发，因而又具有耐旱的生态特征。红树植物除具有支撑根外还有呼吸根。

呼吸根，顾名思义，这些根起到呼吸作用。在沼泽化环境中，土壤中空气极为缺乏，为了适应环境，其呼吸根极为发达。呼吸根有的纤细，其直径仅有0.5厘米，有

的粗壮，直径达10～20厘米。红树植物板状根由呼吸根发展而来。板状根对红树植物的呼吸及支撑都有利。红树植物根系的特异功能，使得它在涨潮被水淹没时也能生长。红树植物以如此复杂而又严密的结构与其生长的环境相适应，使人惊叹不已。

地球的"肺"

红树林是陆地过渡到海洋的特殊森林，其作用堪比地球的肺。红树林生态系统是国际上生物多样性保护和湿地生态保护的重要对象。在我国红树林主要分布在广东、广西、台湾、海南等地。海水涨潮时，红树林植物的树干就会被海水淹没，只能看见露在海平面上枝叶茂盛的树冠；而落潮时，则形成了一片绿油油的海滩森林，翠叠绿拥。茂密的红树林不仅能够抗拒海浪对海岸的侵蚀，而且可以扩展海岸、调节热带气候，同时还可以滋养鱼、虾，集群飞翔的各种海鸟、神出鬼没又颜色艳丽的招潮蟹、活蹦乱跳的弹涂鱼与红树林共同组成了一幅生机勃勃的美丽画卷！

植物也"胎生"

红树林的生长环境比较特殊，松软的泥土以及海水的涨落很容易把种子冲走，不适合种子萌发。经过长期演变，红树在春、秋两季开花结果后，果实并不落地发芽，而是在母树上继续吸收大树的营养，萌发长成"胎儿"幼苗。"胎儿"成熟后，带着小枝叶的种子就会脱离大树，一个个往下跳，散落到海滩中。随着海水到处漂流，遇到合适的地方，就安家扎根，像其他植物一样正常生长。由于繁殖方式特殊，好像哺乳动物怀胎生小孩一样，所以人们称红树为会"生小孩"的树。

悄然锐减的红树林

我国是红树林分布的北缘国家，并非红树林最理想的生长地，红树林能在我国东南沿海生长，实属不易。近几十年来，我国东南沿海的红树林遭受了严重的人为破坏。20世纪90年代至今，人类活动日益多样化、复杂化，红树林面积正不断减少，若不警醒并严加管理，红树林就有灭绝的危险。

如此神奇玄妙的生物群体，如此神秘的自然景观，我们怎忍心破坏它们！

碱性食物之冠——海带

植物名片

姓名： 海带（Kelp）

分类： 褐藻门　褐藻纲　海带目　海带科

分布： 中国沿海均有养殖，野生海带生长在低潮线下2～3米
深度的岩石上

特点： 碘含量高

　　海带是生活中比较常见的海洋蔬菜，含碘高，有"碱性食物之冠"的称号。海带属于褐藻，藻体带状，一般长2～6米、宽20～30厘米。藻体分为固着器、柄部和叶片三部分；柄部粗短，叶片宽大，中间厚2～5毫米，两缘较薄有波状皱褶。在自然状况下海带生长期是2年，在人工养殖条件下是1年。

奇特的生活史

　　海带的生活史有明显的世代交替现象。所谓的世代交替即在生物的生活史中，产生孢子的孢子体世代与产生配子的配子体世代有规律地交替出现的现象。孢子体成熟落地后，萌发为雌、雄配子体，雄配子体呈分支的丝状体，由十几个到几十个细胞组成；雌配子体由少数较大的细胞组成，分支很少，枝端即可产生单细胞的卵囊，成熟时卵排出，与精子在体外受精，形成2倍的合子。合子在母体上萌发为新的海带。海带的孢子体和配子体之间差别很大。这样的生活史，称为异形世代交替。

海洋蔬菜——紫菜

植物名片

姓名： 紫菜（Laver）

分类： 红藻门 红毛菜纲 红毛菜目 红毛菜科

分布： 全球各地浅海潮间带的岩石上

我们常见的紫菜，由固着器、柄和叶片三部分组成；叶片薄膜状，大多只由一层细胞组成，体长因种类而异。藻体中含有叶绿素、胡萝卜素、叶黄素、藻红蛋白、藻蓝蛋白等色素，含量比例的差异导致不同种类呈现紫红、棕红、棕绿等颜色，总体上以紫色居多，因而称为"紫菜"。

紫菜的生活史存在世代交替现象，有叶状体（配子体世代）和丝状体（孢子体世代）两个形态截然不同的阶段。叶状体较大，进行有性生殖，雌性细胞受精后经多次分裂形成果孢子，成熟后释放到海水中，附着于具有石灰质的贝壳等基质上，萌发并钻入壳内生长成为丝状体。丝状体体型微小，生长到一定程度产生壳孢子囊枝，进而分裂形成壳孢子。壳孢子附着于岩石或人工设置的木桩、网帘上直接萌发成叶状体。此外，某些种类的叶状体还可进行无性繁殖，由营养细胞转化为单孢子，放散附着直接长成叶状体。

绿色海潮——浒苔

浒苔是一种大型绿藻，约有40种，在中国，常见种类有缘管浒苔、扁浒苔、条浒苔，分布广泛，生长在中潮带滩涂、石砾上。

绿色灾难

由于全球气候变化、水体富营养化等原因，近几年海洋浒苔绿潮频频暴发，阻塞航道，破坏海洋生态系统，严重威胁沿海渔业、旅游业发展，人们不得不耗费大量的人力物力进行清理。

化害为利

目前处理浒苔的基本办法是加工成食物或动物饲料，但仍然无法消耗大量的浒苔，达不到治理污染的目的。科学家通过实验，将浒苔成功转化制成生物质油，浒苔这一污染的"元凶"来了个彻底的大变身，有望成为一种制造新能源的绝佳原材料。据介绍，在特定条件下，1吨浒苔可制成230千克生物油，可以作为低级燃料直接燃烧，也可以作为化工原料。

化解能源危机的钥匙——海洋微藻

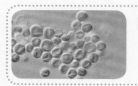

植物名片

姓名： 海洋微藻（Marine Microalgae）

分布： 热带、亚热带海滩

海洋微藻是指一些个体较小的单细胞或群体的海洋藻类。它们种类繁多，广泛分布于陆地、海洋，目前有2万余种，如绿藻、蓝藻、硅藻、甲藻等。海洋微藻都是光合作用度高的自养性植物，是海洋生态系统中的主要生产者，产生的代谢物种类繁多，细胞中含有蛋白质、脂类、藻多糖、β–胡萝卜素、多种无机元素等高价值的营养成分和化工原料。

解决能源危机的钥匙

海藻经过生物冶炼可开发生物柴油，直接用于工农业和交通领域，听起来似乎不可思议，但这却是事实。这些海藻是一类富油微藻，能代谢产油。有专家认为，海洋微藻的能源化利用，有望成为"后石油时代"破解能源危机的一把钥匙。

↑拟星杆藻

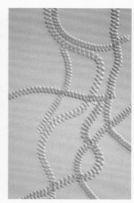

↑螺旋藻

↑螺旋藻

↑硅藻

　　利用藻类生物质生产液体燃料，对缓解人类面临的粮食、能源、环境三大危机有着巨大的潜力，对于减少对石油的依赖、保证国家能源安全具有深远意义。

 Link

梦幻海滩

　　波多黎各有个神奇的海湾，那里的海水在白天看来和别处无异，平静而温暖，但是到了晚上，奇迹就发生了：一旦有船驶入海湾，船的四周就亮起蓝莹莹的光，像灯光一样明亮。这个海湾被称为生物荧光海湾。全世界只有五个此类地方，三个在波多黎各，两个在澳大利亚。造成海湾发光的是一种叫做鞭毛藻的微藻。据说，这个海湾里每升水中有大约270万个这种藻类个体。

不可或缺的生物——海洋细菌

海洋细菌是一类生活在海洋中的不含叶绿素和藻蓝素的原核单细胞生物，是海洋微生物中分布最广、数量最大的一类生物，有球状、杆状、螺旋状和分支丝状等形态。根据生理类群不同，海洋细菌可分为自养和异养、光能和化能、好氧和厌氧、寄生和腐生以及浮游和附着等类型。

海洋细菌的生态作用

在海洋生态系统中的作用：当海洋生态系统的动态平衡遭受某种破坏时，海洋细菌能调整和促进新动态平衡的形成和发展。

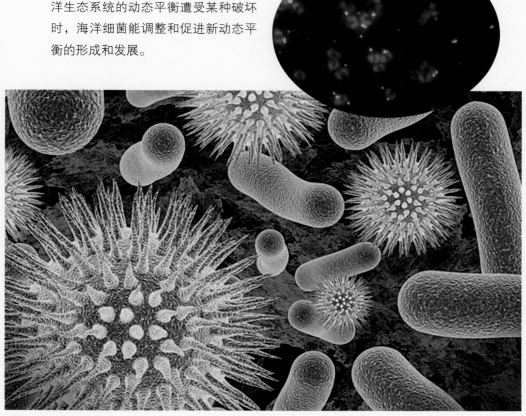

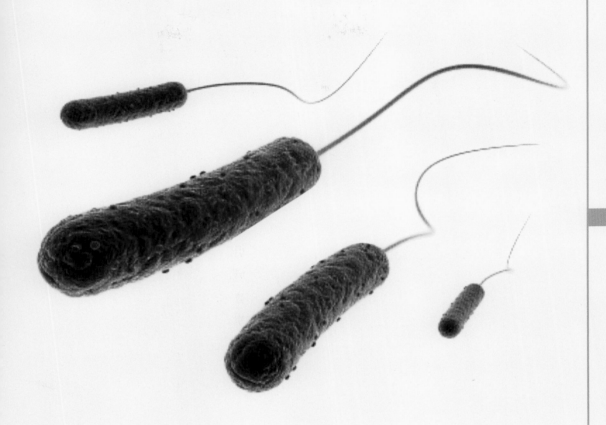

　　在海洋氮循环中的作用：固氮菌能进行固氮作用，是海洋中硝酸盐的主要来源。反硝化细菌在一定条件下影响海洋中可利用状态的氮。

　　在海洋磷循环中的作用：细菌分解海洋动植物残体，并释放出可供植物利用的无机态磷酸盐。磷也是海洋微生物繁殖和分解有机物过程所必需的因子。

　　在海洋食物链中海洋细菌多数是分解者，有一部分是生产者，因而具有双重性，参与海洋物质分解和转化的全过程。如果没有海洋细菌，海洋的生物链系统将面临崩溃。

合上本书，眼前是否仍闪现着海葵的芳姿、海豹的笑容？耳边是否仍回响着海鸥的鸣叫、海豚的歌声？

生活在地球上最美丽的地方，海洋生物可谓最可爱的生灵——发明家们依照它们仿生创造，科学家们通过它们研究地球远古环境；孩童们则依偎它们观波听涛，展开想象的翅膀……

大海无私，为人类奉献丰富多彩的资源；大海有限，唯有合理开发并悉心呵护，可爱的海洋生物才能永远陪伴我们。

致　谢

　　本书在编创过程中，中国海洋大学的刘邦华以及青岛水族馆等机构和个人在资料图片方面给予了大力支持，在此表示衷心的感谢！书中参考使用的部分文字和图片，由于权源不详，无法与著作权人一一取得联系，未能及时支付稿酬，在此表示由衷的歉意。请相关著作权人见到声明后与我社联系。

　　联 系 人：徐永成

　　联系电话：0086-532-82032643

　　E-mail: cbsbgs@ouc.edu.cn

图书在版编目（CIP）数据

海洋生物/魏建功主编. —青岛：中国海洋大学出版社，2011.5

（畅游海洋科普丛书/吴德星总主编）

ISBN 978-7-81125-684-0

Ⅰ.①海… Ⅱ.①魏… Ⅲ.①海洋生物-青年读物　②海洋生物-少年读物

Ⅳ.①Q178.53-49

中国版本图书馆CIP数据核字（2011）第058392号

海洋生物

出 版 人	杨立敏		
出版发行	中国海洋大学出版社有限公司		
社　　址	青岛市香港东路23号		
网　　址	http://www.ouc-press.com	邮政编码	266071
责任编辑	陈琳　电话　0532-85901092	电子信箱	ouccll@yahoo.com.cn
印　　制	青岛海蓝印刷有限责任公司	订购电话	0532-82032573（传真）
版　　次	2011年5月第1版	印　　次	2011年5月第1次印刷
成品尺寸	185mm×225mm		
总 字 数	800千字	总 定 价	398.00元

畅游海洋 科普丛书